新农村节能住宅建设系列丛书

节能住宅有机垃圾处理技术

吴丽萍　主编

中国建筑工业出版社

图书在版编目（CIP）数据

节能住宅有机垃圾处理技术/吴丽萍主编．—北京：中国建筑工业出版社，2015.6

（新农村节能住宅建设系列丛书）

ISBN 978-7-112-18150-6

Ⅰ.①节…　Ⅱ.①吴…　Ⅲ.①农村住宅-有机垃圾-垃圾处理　Ⅳ.①X705

中国版本图书馆 CIP 数据核字（2015）第 107391 号

本书采用深入浅出、图文并茂的表达方式，全方位地介绍了村镇住宅的节能技术及在相应规范、标准指导下应如何使用节能技术。全书共分为 7 章，主要包括：绪论、农村有机废弃物基础知识、工厂化有机废弃物利用技术、农户型有机废弃物利用技术、有机废弃物综合利用技术展望、有机废弃物利用的节能住宅经济模式、节能住宅多元化产业生态经济模式实例等内容。

本书既可为广大的农民朋友、农村基层领导干部和农村科技人员提供具有实践性和指导意义的技术参考；也可作为具有初中以上文化程度的新型农民、管理人员的培训教材；还可供所有参加社会主义新农村建设的单位和个人学习使用。

*　　*　　*

责任编辑：张　晶　吴越恺
责任设计：董建平
责任校对：李美娜　张　颖

新农村节能住宅建设系列丛书

节能住宅有机垃圾处理技术

吴丽萍　主编

*

中国建筑工业出版社出版、发行（北京海淀三里河路 9 号）
各地新华书店、建筑书店经销
北京红光制版公司制版
北京建筑工业印刷厂印刷

*

开本：787×960 毫米　1/16　印张：14　字数：231 千字
2017 年 4 月第一版　2017 年 4 月第一次印刷
定价：**36.00** 元

ISBN 978-7-112-18150-6
（27398）

《新农村节能住宅建设系列丛书》编委会

序

本套丛书是基于“十一五”国家科技支撑计划重大项目研究课题“村镇住宅节能技术标准模式集成示范研究”（2008BAJ08B20）的研究成果编著而成的。丛书主编为课题负责人、天津城建大学副校长王建廷教授。

该课题的研究主要围绕我国新农村节能住宅建设，基于我国村镇的发展现状和开展村镇节能技术的实际需求，以城镇化理论、可持续发展理论、系统理论为指导，针对村镇地域差异大、新建和既有住宅数量多、非商品能源使用比例高、清洁能源用量小、用能结构不合理、住宅室内热舒适度差、缺乏适用技术引导和标准规范等问题，重点开展我国北方农村适用的建筑节能技术、可再生能源利用技术、污水资源化利用技术的研究及其集成研究；重点验证生态气候节能设计技术规程、传统采暖方式节能技术规程；对村镇住宅建筑节能技术进行综合示范。

本套丛书是该课题研究成果的总结，也是新农村节能住宅建设的重要参考资料。丛书共7本，《节能住宅规划技术》由天津市城市规划设计研究院郑向阳正高级规划师、天津城建大学张戈教授任主编；《节能住宅施工技术》由天津城建大学刘戈教授任主编；《节能住宅污水处理技术》由天津城建大学文科军教授任主编；《节能住宅有机垃圾处理技术》由天津城建大学吴丽萍教授任主编；《节能住宅沼气技术》由天津城建大学常茹教授任主编；《节能住宅太阳能技术》由天津城建大学张志刚教授、魏璠副教授任主编；《村镇节能型住宅相关标准及其应用》由天津城建大学任绳凤教授、王昌凤副教授、李宪莉讲师任主编。

丛书的编写得到了科技部农村科技司和中国农村技术开发中心领导的大力支持。王喆巡视员，于双民处长和王俊副处长给予了多方面指导，王喆巡视员亲自担任编委会主任，确保了丛书服务农村的方向性和科学性。课题示范单位蓟县毛家峪李锁书记，天津城建大学的龙天炜教授、赵国敏副教授为本丛书的完成提出了宝贵的意见和建议。

丛书是课题组集体智慧的结晶，编写组总结课题研究成果和示范项目建设经验，从我国农村建设节能型住宅的现实需要出发，注重知识性和实用性的有机结合，以期普及科学技术知识，为我国广大农村节能住宅的建设做出贡献。

丛书主编：王建廷

前　　言

节能住宅的基本定位是节能减排，低碳环保。随着我国城镇发展规模的日益扩大，有机废弃物与生活环境之间的矛盾日益激化，尤其住宅区有机废弃物的处理处置不可避免地成为节能住宅高要求的重要环节。伴随经济的发展和农民收入的不断提高，农村消费结构发生了重大变化，相应导致农村生活垃圾总量快速增加。据统计，中国有4万多个村镇，农村区域占国土面积的90%，农村人口7.13亿左右。目前农村人均生活垃圾产生量约0.86kg/d，全国农村年生活垃圾量接近3亿吨，但针对生活垃圾的处理方式粗放，以落后的简易填埋为主。因此，开发高效合理的村镇生活垃圾分类与资源化处理技术，不仅能有效控制农村生活垃圾污染，改善住区环境质量，还可为农业生产提供优质的土壤改良剂和有机肥，增强地力，增加产量，提高村镇人民生活质量。随着生态文明村建设、社会主义新农村建设、农村小康环保行动计划的逐步实施，农村生活垃圾的处理处置与管理将成为今后我国政府的工作重点。

为适应新农村发展的需要，把先进实用的技术推广到农村，为新农村建设提供有力的科技支撑，我们编写了新农村节能住宅系列丛书之《节能住宅有机垃圾处理技术》。本书通过分析农村有机废弃物利用现状与存在问题，针对农村有机废弃物增长速度快、种类多、来源广，但因缺乏规范管理和适用技术引导而造成对水、土、气介质的污染以及资源的浪费等问题，从开展村镇垃圾减量化、资源化、无害化处理处置的实际需求出发，采用深入浅出、图文并茂的表达方式，全面系统地阐述了农村有机废弃物资源化利用与节能住宅、我国农村有机废弃物综合利用新技术及模式实例以及有机废弃物资源化利用产业化前景与对策。全书共分为7章，主要包括：农村有机废弃物的定义和分类、农村有机废弃物综合利用现状及存在问题、工厂化有机废弃物利用技术、农户型有机废弃物利用技术、有机废弃物综合利用技术、有机废弃物利用的节能住宅经济模式、节能住宅多元化产业生态经济模式实例等内容。

本书第1、2章由吴丽萍、王荫荫编写，第3、4、5章由吴丽萍编写，第6、7章由文科军、吴丽萍编写。

本书既可为广大的农民朋友、农村基层领导干部和农村科技人员提供具有实践性和指导意义的技术参考；也可作为具有初中以上文化程度的新型农民、管理人员的培训教材；还可供所有参加社会主义新农村建设的单位和个人学习使用。

在本书编写过程中，我们参考了大量的书刊杂志及部分网站中的相关资料，并引用其中一些内容，难以一一列举，在此一并向有关书刊和资料的作者表示衷心感谢。

由于编者水平有限，本书中不当或错误之处在所难免，希望广大读者批评指正。

目　录

1 绪 论

农村有机废弃物数量巨大，这些废弃物露天堆放，围困城市，影响景观，污染环境，威胁健康，被称为“垃圾”，并成为城镇发展中的棘手问题。然而，遍布城乡各地的有机废弃物却是一种特殊形态的可再生资源，在农业上具有巨大的开发潜力。因此，探索有机废弃物的资源化综合利用成为新农村建设中的关键性问题。对它们进行有效的处理和利用，对节约自然资源，防止环境污染，实现生态经济良性循环具有重要意义。本章系统地介绍了农村有机废弃物的资源化综合利用及由此产生的产业化生态化效益。

1.1 农村有机废弃物综合利用现状及存在问题

1.1.1 农业秸秆

农业废弃物是指在农业生产过程中被丢弃的物质，主要包括植物残余类废弃物（以秸秆、稻壳等为主）、农用地膜等。中国种植业正在向省工、高效的方向转变，农作物秸秆的年产生量约 7 亿 t，已经成为世界上农业废弃物产出量最大的国家。目前我国在饲料、还田、造纸、能源和化工等领域对秸秆利用的一些关键性技术难题尚未突破，如秸秆的饲料化利用中消化率低（仅 40%左右），氨化技术氮源损失较大等问题。秸秆还田利用涉及秸秆腐烂速度和还田机械等问题，而秸秆造纸利用所引起的污染难题也需根治。总之，秸秆综合利用中经济效益并不显著，使每年秸秆利用数量相当有限。另外，秸秆焚烧现象在我国有些地方仍然存在，秸秆不完全燃烧产生的 CO、CO_2 等气体污染物，严重污染了农村大气环境，给农村居民身体健康带来较大危害。因此，实现农业废弃物变废为宝，消除环境污染，改善农村生态环境，对中国全面建设小康社会和实现农业的可持续发展具有重大意义。近些年来，农业废弃物在能源化、饲料化和材料化等方面取得了较显著的成绩。

秸秆作为重要的生物质资源，燃烧热值为标准煤的50%以上，秸秆作为燃料是一种清洁的能源，其含硫量仅为0.3%，远远低于煤炭的含硫量（约1%）。因此，以秸秆为燃料进行发电、供热，不仅可以节约燃煤用量、实现农民增收，还可以改善农村的能源结构，减轻因秸秆随意焚烧造成的环境污染，是一项生态节能型技术。农业废弃物能源化的近期发展项目有：生物质气化供气、生物质气化发电、大型沼气工程、生物质直接燃烧供热；中长期发展项目有生物质高度气化发电项目（BIG/CC）、生物质制氢等优质燃气、生物质热解液化制油等。

植物类农业废弃物中含有大量的蛋白质和纤维类物质，经过适当的技术处理，便可作为饲料应用。主要的技术有：通过微生物处理转化技术，将秸秆、木屑等植物废弃物加工变为微生物蛋白产品；通过发酵技术对青绿秸秆处理制得青贮饲料；通过对秸秆等废物氨化处理，改善原料的适口性、饲喂安全性、保存性和营养价值等。

利用农业废弃物中的高蛋白质和纤维性材料，生产多种生物质材料和生产资料是农业废弃物资源化的又一个拓展领域，有着广阔的前景。如稻壳可作为生产白炭黑、碳化硅陶瓷、氮化硅陶瓷的原料，秸秆、稻壳经炭化后可生产钢铁冶金行业金属液面的新型保温材料；麦草经常压水解、溶剂萃取反应后可制取糠醛；甘蔗渣、玉米渣等可制取膳食纤维；秸秆、棉籽皮、树枝叶等可栽培食用菌等。

另外，通过秸秆直接还田、过腹还田、微生物发酵还田等方式，植物类农业废弃物还可以作为肥料提高土壤肥力，为植物生长创造良好的环境，减少化肥用量，降低农产品的成本，促进了生态农业的良性循环。

1.1.2 畜禽粪便

随着畜牧业的迅速发展，畜禽粪便、畜产品加工下脚料综合利用率低，资源浪费和环境污染等问题也日益显现，不但在一定程度上制约了畜牧业自身的发展，还严重影响广大农民的生活质量。因此，发展畜牧业循环经济，以更少的资源消耗、更低的环境污染追求更大的经济效益是实现畜牧业持续、快速、健康发展的必然选择。

自从20世纪90年代以来，我国兴建了许多大中型集约化的畜禽养殖场，养殖业规模及产值均发生了巨大的变化，同时畜禽粪便的排放量也急剧增加。有资料显示，2000年全国畜禽粪便年产生量已达到约17.3亿t，是工业废弃物的2.7倍。1997年广州市畜禽粪便排放量为473.193万t。近年来上海市畜禽粪便的年产生量已突破1200万t，远远超过该市当年工业废渣（663.11万t）和生活废弃物（666.44万t）的排放量。限于技术局限性与经济可行性，绝大多数畜禽粪未做任何处理直接排出场外。而养殖场在地域分布上多在水源保护区，这样经过多年运行后，这种直接排放已造成地表水、饮用水的严重污染，同时也是大气与地下水的严重污染源。畜禽粪便堆放期间在微生物的作用下，其中有机物质被分解而产生一些诸如硫化氢、氨气、甲硫醇等恶臭气体。空气中这些有害气体含量达到一定浓度时会对人和动物产生有害影响。有研究结果表明，一个存栏3万只的蛋鸡场，每天向空气中排放的氨气达1.8kg以上。在氨气浓度为50mg/m^3的猪舍内，饲喂小猪4周，采食量下降15.6%，饲料利用率下降18%。陈素华等进行的调查结果表明，北京市集约化畜禽养殖废水中BOD_5含量每年为30万t，为该市工业和生活污水中BOD_5含量（10万t/a）的3倍；仅有不足3%的粪尿等废弃物在排放前经过无害化处理，绝大部分就近排入水渠汇入河道或渗入地下；一些养殖场距地面100m地下水中的氨、氮含量已超出正常值的2～3倍。1996年广州市畜禽粪便废水中的COD_{Cr}（化学需氧量）占全市废水中COD_{Cr}总量的67%。畜禽养殖业畜禽粪便污染已成为与工业废水、生活污水相并列的三大污染源之一。

为了使粪污处理达到无害化、资源化，促进畜牧业可持续发展，必须研究和开发适合我国国情的畜禽粪便治理与资源化技术，因此畜禽养殖场应采取将畜禽废渣还田、生产沼气、制造有机肥料、制造再生饲料等方法进行综合利用，实现生态养殖。具体做法有：通过大力实施“沼气工程”或通过畜禽粪便的生化处理制成有机肥料，既使大量畜禽粪便得到无害化处理，又能生成新的能源和资源，综合利用于居民生活、农业种植和渔业生产。在畜禽饲养量实行总量控制的基础上，在农村集市实行畜禽统一宰杀区，对排放的污水和养殖后的污水进行净化处理，对毛、皮、内脏等“下脚料”、畜禽粪便实行回收利用，变废为宝，生产再生饲料或颗粒有机肥；也可采取农民以原料换肥料的方法，鼓励农民使用有机肥等。

1.1.3　农村生活垃圾

农村生活垃圾主要包括厨房剩余物、包装废弃物、一次性用品废弃物、废旧衣服鞋帽等。由于目前农村生活垃圾处理设施建设严重滞后甚至没有处理设施，部分农民环保意识又相对较差，许多难以回收利用的固体废弃物，如旧衣服、一次性塑料制品、废旧电池、灯管、灯泡等随意倒在田头、路旁、水边，许多天然河道、溪流成了天然垃圾桶。农村生活垃圾随意堆放不仅侵占了土地，而且还成为蚊蝇、老鼠和病原体的滋生场所。随着时间的推移，混合垃圾腐烂、发臭以及发酵甚至发生反应，不仅会释放出危害人体健康的气体，而且垃圾的渗滤液还会污染水体和土壤，进而影响农产品的品质。另外，农村自来水普及率偏低，饮用水大多取自浅井，因此，垃圾中的一些有毒物质的渗漏，如重金属，废弃农药瓶内残留农药等，随雨水的冲刷，迁移范围越来越广，最终通过食物链影响人们的身体健康。

针对农村有机废弃物资源化综合利用产生的问题和危害，提出相应治理对策如下：

1. 调整农村产业结构，实行农业清洁生产

农村固体废弃物污染从本质上来说是农业产业结构和布局不合理造成的，因此必须作好各个地区的农业长远发展规划，调整现有农业产业结构。借鉴工业上清洁生产的成功经验和思路，大力发展农业清洁生产，即打破传统的末端治理的模式，开展全过程的污染控制，从源头抓起，在生产的每个阶段都注意防止污染物产生，使废物产量最小化，并将每个环节产生的副产品与废物及时回收，综合利用。

2. 加强环保基础设施建设

借助国家对“三农”问题大力扶持的契机，通过多种途径多种渠道利用资金，除将环保投资纳入国内生产总值中的比例的同时，还应积极吸引社会资金，鼓励民间资本参与环境基础设施建设，在农村实施垃圾清运制度，建设垃圾堆放池和生活垃圾处理系统，使生活垃圾在集中堆放的基础上进行处理。大力推广农田秸秆、畜禽粪便制沼气技术和政府投入资金建设秸秆、人畜粪尿堆肥化处理设

施，使农田秸秆、人畜粪尿等有机固体废弃物在得到处理的同时也实现资源回收利用。

3. 提高农村居民环保意识

农村经济整体水平不高，农民科学文化素质偏低，生活垃圾随意丢弃，畜禽粪便未经稳定化直接施入农田，由此加重了农村水体和土壤污染。因此，必须充分利用现有的宣传、教育渠道，运用广播、电视及报纸等农民能经常接触到的大众媒体，大力宣传农村生态环境与资源保护的方针、政策和法规；同时要持之以恒地培养农村中小学生的环保意识，在农村学校开展环境教育活动，有条件的学校还可以考虑将环境教育内容加入到课堂，组织学生对一些热点环境问题进行讨论，提高他们对环境保护的认识。

4. 加强农村乡镇企业环境管理

农村乡镇企业是村民致富的源泉，也是农村固体废物污染的一个重要来源。要控制和防止这一污染，就必须建立一整套乡镇企业的环境管理措施，统一规划、合理布局治理，属于该淘汰的企业，要坚决淘汰；属于保留的乡镇企业要加快企业技术改造和生产技术升级换代，以降低物耗能耗，减少污染物排放，同时实行乡镇企业固体废物集中治理。

5. 完善农村环境保护的法规和法制建设

环境保护是我国的一项基本国策，严格执行环境保护政策和法规，是环境保护工作的中心环节。因此，一方面要建立和完善现有的农村环境保护法律法规，以适应新时期农村固体废物污染防治；另一方面要严格执行环境保护政策和法规，加大农村环境保护执法监督力度，从法律制度上保护农村环境不受污染。

1.2 农村有机废弃物的收集

由于农村有机废弃物占地面积大，严重地污染环境，因此进行有机废弃物的分类收集可以有效地减少固废的处理量和处理设备，降低处理成本，减少土地资源的消耗，具有社会、经济、生态三方面的效益。对农村有机废弃物进行分类收集处理的优点如下：

（1）减少占地。农村废弃物中有些物质不易降解，使土地受到严重侵蚀。垃圾分类，去掉能回收的、不易降解的物质，减少垃圾数量达50%以上。

（2）减少环境污染。易腐易烂的果皮会造成地下水和大气环境污染；土壤中的废塑料会导致农作物减产；抛弃的废塑料被动物误食，导致动物死亡的事故时有发生。因此，对此类废弃物的回收利用可以减少对环境造成的危害。

（3）变废为宝。中国每年使用塑料快餐盒达40亿个，方便面碗5亿～7亿个，废塑料占生活垃圾的4%～7%。1t废塑料可回炼600kg的柴油。回收1500t废纸，可免于砍伐用于生产1200t纸的林木。1t易拉罐熔化后能结成1t很好的铝块，可少采20t铝矿。将农村废弃物中的一部分进行回收利用，既环保，又节约资源。

农村有机废弃物的收集可分为分类收集和混合收集。在废物发生源进行分类收集是最为理想、能耗最少的方法。实际上为了资源的利用和处理方便，混合收集的垃圾也要经过分选，国外发达国家从20世纪70年代末就采用了家庭分类、直接送到回收利用场所另行收集的方法。

到目前为止，中国仍未采取分类收集的办法，而是采取收购或鼓励分类收集。农村废弃物的混合收集仍是主要收集方式，只有少数密闭式清洁站具备分类收运功能。通常采用的做法是居民将混合垃圾送至垃圾桶，拾荒者再将垃圾桶中未分类的废弃物进行分类收集，卖给回收公司。针对此种现状，政府有关部门完全可以在政策法规层面支持，同时把花在垃圾焚烧上的资金用于扶持相关企业在垃圾产生的源头小区入手进行分类或分拣处理。在村镇及住宅小区建立垃圾废物分类设施，促进鼓励居民进行废弃物的分类，这样就可以把废弃物中的资源直接分类再回收利用起来。根据村镇及住宅小区的实际情况，在推广废物分类处理的初期，可以考虑以村镇或住宅小区为单位，增设废物分拣处理站，吸纳大量社会人员就业，担当垃圾分拣工，把小区的所有废弃物，利用人工来分类分拣，回收利用所有可以利用的资源，实在不能利用的垃圾再送去合格的不渗漏的垃圾填埋场填埋，以免再次出现目前的垃圾填埋场渗漏污染地下水的情况。另外，政府有关部门可以采取类似目前已经行之有效的“限塑令”方式来限制过度包装，限制未经处理的蔬菜进入居民消费的环节等有效措施在源头上减少废弃物的产生。

对于普通家庭来说，将厨余、灰渣和其他废弃物分类收集是可以做到的，但养成垃圾分类的习惯尚需时日。垃圾收集部门可在垃圾点设置3个垃圾箱，分别标明“厨余”、“灰渣”和“其他”字样，或以盛装物的颜色区分，如“厨余”为绿色，“灰渣”为白色，“其他”为蓝色，但不宜区分过细。垃圾处理部门可与现有的废品收购部门联合处理“其他”类垃圾，“灰渣”类、“厨余”类垃圾可进行综合利用。垃圾分类收集与创收如图 1-1 所示。

图 1-1 垃圾分类收集与垃圾创收

资料来源：赖伟行．东湖街搞垃圾分类居民月创收 2.7 万．广州日报，2009，12，17：A21 版。

1.3 农村有机废弃物综合利用技术

保护全球环境已经成为 21 世纪人类社会的共识。今天的中国，正以十分脆弱的生态系统承受着巨大的人口和发展压力，环境保护更显其紧迫性。在建设生态环境友好型社会的过程中，新农村建设具有不可替代的基础性作用。

自 20 世纪 80 年代以来，随着工业化进程的加快，资源和能源的耗费逐年增多，环境问题也日益突出。资源是经济发展的物质基础，保证资源的可持续利用可以缓解经济的持续发展与资源日益枯竭的矛盾。为此，必须积极研究和开发农村有机废弃物的可持续性综合利用技术，探索有机废弃物综合利用新模式，进而创造最大的生态和经济效益，为人类文明的持续发展打下良好的基础，这是当今世界必须面对的现实问题。

1.3.1 农村有机废弃物利用的生态经济理论

随着人口数量的增长和农村城镇化进程的加快，环境污染和生态破坏等问题在世界范围不仅没有得到解决，而且仍在不断恶化，打破了区域和国家的疆界，并演变为全球性问题。暂时性的问题相互贯通，相互影响就演变成了长远问题；潜在性的问题进一步恶化蔓延变成为公开性问题。能源需求的增加，矿物燃料的消耗，产生二氧化碳等温室气体，加重了植被的破坏；森林的过度采伐导致森林面积急剧减少，引起了全球气候变化。严重的环境污染给人们的生命财产带来了重大损失，许多国家的经济、社会和政治结构受到严重影响。因此，应该建立能重复使用各种物质资源的循环式经济以替代传统的单程式经济。

循环经济，即生态经济。它指的是在生态系统承载能力范围内，运用生态经济学原理和系统工程方法改变生产和消费方式，挖掘一切可以利用的资源潜力，发展一些经济发达、生态高效的产业，建设体制合理、社会和谐的文化以及生态健康、景观适宜的环境。

以可持续发展为中心的生态经济理论的核心问题是要促进经济与生态的协调发展。这是一种全新的发展观，它要求发展经济不能损害环境结构和功能，不导致环境质量的退化，经济发展的过程应是环境质量更符合人类生态学要求的演化过程，是环境质量与人类健康、舒适、美化的价值取向相一致的过程。因此，经济与环境的协调发展，首先是经济发展的速度要适应环境承载能力和环境容量。特别是经济发展所产生的各类污染和其他环境冲击，应被控制在环境的承受范围以内，使环境有能力对受到的冲击和震动通过自组织的过程加以转化、消化、淡化，最终保证环境的演化趋势不受影响。

生态经济系统即“社会-经济-自然”复合生态系统，既包括物质代谢关系，能量转换关系及信息反馈关系，又包括结构、功能和过程的关系，具有生产、生活、供给、接纳、控制和缓冲功能。它改变了传统经济“资源-产品-污染排放”式的单向流动，实现了“资源-产品-废物-再生资源-再生产品”的良性循环生产模式，使上一个产品的废弃物成为下一个产品的原料，整个生产过程没有废物排出，从源头上减少了污染物的产生和原材料的损失。循环经济是一项系统工程，涵盖工业、农业和消费等各类社会活动。我国是农业大国，农村是循环经济的重点区域。循环经济某种程度上就是保护生态环境的经济，它是解决中国“农村、农民、农业”问题的重要途径。生态经济是实现经济腾飞与环境保护、物质文明与精神文明、自然生态与人类生态的高度统一和可持续发展的经济。这种模式要求整个社会物流形成良性的循环，实现以较少的资源和能源消耗达到较高的经济增长速度，这是农业有机废物处理和利用以及环境质量改善的根本出路。

农村有机废弃物利用的生态经济理论是一种按照“资源→产品→再生资源”的反馈式流程组成的“闭环式”经济，表现为“低开采、高利用、低排放”的特点。其内在运行机理是按照自然生态系统内部物质循环和能量流动规律，以生态规律来指导人类的经济活动，它把清洁生产、资源综合利用、生态设计和可持续消费等融为一体，使整个生产和消费过程中不产生或少产生废物；在物质不断循环利用的基础上发展经济，以最大限度地利用进入系统的物质和能量，提高资源的利用率，最大限度地减少污染物排放，从而使经济活动对自然环境的影响降低到最低程度，提升经济运行的质量和效益。

因此，农村有机废弃物利用的生态经济就是把清洁生产和废物的综合利用融为一体的经济，它本质上是一种生态经济，要求运用生态学规律来指导人类社会的经济活动。

1.3.2 农村有机废弃物的处理处置原则

1.“三化”原则

减量化就是通过某种手段减少固体废物的产生量和排放量，它是防止固体废弃物污染环境的优先措施。这一任务的实现，需从两方面着手：①从“源头”开始治理。目前固体废弃物的排放量十分巨大，其中农村有机废物占大部，因此，采用“绿色技术”和“清洁生产工艺”，合理地利用资源，最大限度地减少产生和排放固体废物，从“源头”上直接减少或减轻固体废物对环境的污染和人体健康的危害；②改变粗放经营发展模式。就企业而言，应改善粗放经营的发展模式，鼓励和支持开展清洁生产，开发和推广先进的生产技术和设备，遵循“循环经济”的思想，充分合理地利用原材料、能源和其他资源。

无害化是指已生产又无法或暂时尚不能综合利用的固体废物，经过物理、化学或生物的方法，进行对环境无害或低危害的安全处理、处置，达到废物的消毒、解毒或稳定化。其处理的基本任务是将固体废物通过工程处理，达到不损害人体健康，不污染自然环境的目的。如垃圾的焚烧、卫生填埋、堆肥、粪便的厌氧发酵等。

资源化是指采取管理的和工艺的措施开发再生资源，从固体废物中回收有用的物质和能源，创造经济价值的广泛的技术方法。资源化的概念包括三个范畴：①物质回收：即处理废物并从中回收指定的二次物质。如纸张、玻璃、金属等；②物质转换：即利用废物制取新形态的物质。如利用废橡胶生产铺路材料，有机垃圾生产堆肥等；③能量转换：即从废物处理中回收能量，作为热能和电能。如通过有机废物的焚烧处理回收热量，进而发电；利用有机垃圾厌氧消化产生沼气，作为能源向住宅区居民供热或发电。

“三化”原则一直是我国固体废弃物管理领域的指导性原则，它以减量化为前提，以无害化为核心，以资源化为归宿，对我国农村废弃物管理方法的发展、处理设施的建设均起到了重要引导作用。

2. 区别对待、分类处置、严格管理的原则

农村固体废弃物来源广、种类多、有机成分含量高，我国垃圾处理大多采用混合收集管理制度，不利于垃圾的有效回收和综合利用。所以，根据不同的固体废物对环境的危害程度与特性，进行区别对待，分类管理。不仅可以有效地控制主要污染危害，还能降低处置费用。

3. 将危险废物与生物圈相隔离的原则

农村固体废弃物中有一部分为危险废物，如废旧电池等。这些废弃物含有特殊的化学物质，会在很长时间内对环境和人体健康造成严重影响。因此，危险废物最终处置基本原则是合理地、最大限度地使其与自然和人类环境隔离，减少有毒有害物质释放进入环境的速率和总量，将其对环境的影响降到最低程度。

4. 集中处置原则

农村有机废弃物实行集中处置，既可节省人力、物力、财力，利于管理，也是有效控制乃至消除有机废弃物污染危害的重要技术手段。

1.3.3　农村有机废弃物的处理处置方法

目前，我国大多数的农村仍然没有专门的垃圾收集、运输、填埋和处理系统，除了小部分可变卖回收的固体废弃物，如废纸、橡胶制品、易拉罐、塑料瓶等，垃圾的处置主要采取单纯填埋、随意倾倒、临时堆放焚烧 3 种处理方式。农村现有填埋场设施普遍简陋、防渗措施简单，容易导致二次污染，特别是边远的

乡镇利用自然沟壑或自然塌陷区来处理生活垃圾，严重污染了周围环境。垃圾堆放点多面广，形成侵占公路、蚕食农田、阻塞河道等现象。垃圾堆的长期存在，不仅会散发臭气，滋生蚊蝇、老鼠和病原菌等，还会成为疾病的传播源；垃圾中的一些有害成分，如重金属、农药等，随渗滤液进入环境，会造成土壤和水体的污染，进而影响农产品的品质，威胁到农村的饮水安全。另外，农作物秸秆和农村生活垃圾的任意堆放焚烧不但占用了大量土地，还造成了大气污染，甚至引发火灾造成人身和财产损失。因此，寻求一种行之有效的农村有机废弃物处理处置方法变得尤为重要。

首先从源头上控制资源利用，减少垃圾形成。日本从 20 世纪 80 年代末就开始实施“垃圾源头消减计划”，在生产和生活的各个环节，循环利用资源，消减垃圾，使垃圾的产生量出现了历史上从未有过的现象——持续 7 年回落。随着我国农村居民生活水平的不断提高，包装废物、一次性塑料制品等占生活垃圾的比重也逐渐增加。通过制定相应政策法规，控制生产厂家对产品的过度包装，防止一次性制品向农村转移，可有效减少生活垃圾总量。

废弃物的充分回收利用必须建立在垃圾分类的基础上。农户将垃圾有效分类之后，可回收利用的垃圾可以通过废物回收或送往废品回收站实现废物资源化。建筑垃圾和煤渣等可以用来铺路或进行直接填埋。危险物垃圾则运送至乡镇或县一级单位进行集中处理。对于有机垃圾，部分可以作为畜禽食物加以利用，其余可进行堆肥处理。比较成熟的做法是：经过垃圾源头分类收集，农村餐厨垃圾统一运至生态堆肥装置内进行集中处理，利用垃圾自身携带菌种或外加菌种进行消化反应，对厨余垃圾进行卫生、无害化生物处理。这一过程使有机垃圾体积减小，并可产生腐熟性有机物，作为有机肥使用。

1. 固体废物处理方法

一般来说，固体废物通过物理的、化学的、生物化学的方法，使其减容化、无害化、稳定化和安全化，以加速物质在环境中的再循环，减轻或消除环境污染。

(1) 物理处理

物理处理是通过浓缩或相变化改变固体废物的结构，使之成为便于运输、贮存、利用或处置的形态。物理处理方法包括压实、破碎、分选、增稠、吸附、萃取等。物理处理也往往作为回收固体废物中有用物质的重要手段加以采用。

（2）化学处理

化学处理是采用化学方法破坏固体废物中的有害成分从而达到无害化，或将其转变成为适于进一步处理、处置的形态。由于化学反应条件复杂，影响因素较多，故化学处理方法通常只用在所含成分单一或所含几种化学成分特性相似的废物处理方面。对于混合废物，化学处理可能达不到预期的目的。化学处理方法包括氧化、还原、中和、化学沉淀和化学溶出等。有些有害固体废物，经过化学处理还可能产生富含毒性成分的残渣，还须对残渣进行解毒处理或安全处置。

（3）生物处理

生物处理是利用微生物分解固体废物中可降解的有机物，从而达到无害化和综合利用。固体废物经过生物处理，在体积、形态、组成等方面，均发生重大变化，因而便于运输、贮存、利用和处置。生物处理方法包括好氧处理、厌氧处理、兼性厌氧处理。与化学处理方法相比，生物处理的经济性好，应用普遍，主要有堆肥化处理、沼气化处理、废纤维素糖化技术、废纤维素饲料化、细菌浸出技术等，但处理过程所需时间较长。

1）堆肥化处理。它是依靠自然界广泛分布的细菌、放线菌、真菌等微生物，人为地促进可生物降解的有机物向稳定的腐殖质的生物转化过程。堆肥化的产物称作堆肥，是一种具有改良土壤结构，增大土壤容水性、减少无机氮流失、促进难溶磷向可溶磷转化、增加土壤缓冲能力，提高化学肥料的肥效等多种功效的廉价、优质土壤改良肥料。根据堆肥化过程中微生物对氧的需求关系可分为厌氧（气）堆肥与好氧（气）堆肥两种方法。好氧堆肥因具有堆肥温度高、基质分解比较彻底、堆制周期短、异味小等优点而被广泛采用。按照堆肥方法的不同，好氧堆肥又可分为露天堆肥和快速堆肥两种方式。

2）沼气化处理。沼气化又称厌氧发酵，是固体废物中的碳水化合物、蛋白质、脂肪等有机物在人为控制的温度、湿度、酸碱度的厌氧环境中经多种微生物的作用生成可燃气体的过程。该技术在城市下水污泥、农业固体废物、粪便处理中得到广泛应用。它不仅对固体废物起到稳定无害的作用，更重要的是可以生产一种便于贮存和有效利用的能源。据估计我国农村每年产农作物秸秆5亿多t，若用其中的一半制取沼气，每年可生产沼气500亿～600亿m^3，除满足近8亿农民生活用燃料之外，还可余 60 亿～100 亿 m^3。由此可见，沼气化技术是控制污染、改变农村能源结构的一条重要途径。

3）废纤维素糖化技术。废纤维素糖化是利用酶水解技术使之转化成单体葡萄糖，然后可通过化学反应转化为化工原料或生化反应转化为单细胞蛋白或微生物蛋白。天然纤维素酶水解顺序如下：

（水合聚酐葡萄糖链）

$$\underset{(C_6H_{10}O_5)_n}{\text{天然纤维素}} \xrightarrow{C_1} \text{纤维素碎片} \xrightarrow{C_x} \text{纤维素 = 糖} \xrightarrow{\beta\text{-葡萄糖化酶}} \text{葡萄糖}$$

$$\text{变形纤维素} \xrightarrow{C_x} \text{（纤维素 = 糖）}$$

即结晶度高的天然纤维素在纤维素酶 C_1 的作用下分解成纤维素碎片（降低聚合度），经纤维素酶 C_x 的进一步作用而分解成聚合度小的低糖类，最后靠 β-葡萄糖化酶作用分解为葡萄糖。

据估算，世界纤维素年净产量约 1000 亿 t，废纤维素资源化是一项十分重要的世界课题。日本、美国已成功地开发了废纤维糖化工艺流程。目前在技术上可行，经济效果还需论证。如何开发成本低的处理方法，寻找更好的酶种，提高酶的单位生物分解能力，改善发酵工艺等问题有待进一步探索。

4）废纤维素饲料化——生产单细胞蛋白技术。该技术不需要糖化工序，而是把废纤维经微生物作用，直接生产单细胞蛋白或微生物蛋白。目前，废纤维素饲料化技术生产单细胞蛋白是可行的，若需提高其经济性和竞争性，仍有许多课题有待解决。

5）细菌浸出技术。化能自养细菌将亚铁氧化为高铁、将硫及还原性硫化物氧化为硫酸从而取得能源，从空气中摄取二氧化碳、氧和水中其他微量元素（如 N、P 等）合成细胞质。这类细菌可生长在简单的无机培养基中，并能耐受较高金属离子和氢离子浓度。利用化能自养菌的这种独特生理特性，从矿物料中将某些金属溶解出来，然后从浸出液中提取金属的过程，通称为细菌浸出。该法主要用于处理如铜的硫化物和一般氧化物（Cu_2O、CuO）为主的铜矿和铀矿废石，回收铜和铀。对锰、砷、镍、锌、钼及若干种稀有元素也有应用前景。目前，细菌浸出在国内外得到大规模工业应用。

（4）热处理

热处理是通过高温破坏和改变固体废物组成和结构，同时达到减容、无害化或综合利用的目的。热处理方法包括焚化、热解、湿式氧化以及焙烧、烧结处理等。

1）焚烧处理。焚烧处理是通过高温（800～1000℃）下燃烧，使固体废物中的可燃成分转化成惰性残渣，同时回收热能的技术，在发达国家得到广泛应用。城市垃圾经燃烧后可减容 80%～90%，重量降低 75%～80%，同时可以彻底消灭各种病原体，消除腐化源。相比之下，燃烧处理占地少，除城市垃圾以外的其他废物也可以采用焚烧方法进行净化，对垃圾处理彻底，残渣二次污染危险较小，焚烧操作不受天气影响。但是，焚烧处理仍然存在排渣、排气导致的二次污染，特别是近年来出现的“二噁英（Dioxin）”，其毒性比氰化物大 1000 倍。另外焚烧处理对废物的热值有一定的要求（至少大于 4000kJ/kg），且单位投资和处理运转成本较高。因此，对经济欠发达国家来说，垃圾焚烧处理率依然很低。

一般来讲，燃烧的工艺包括固体废物的贮存、预处理、进料系统、燃烧室、废气排放与污染控制、排渣、监控测试，能源回收等系统，如图 1-2 所示。

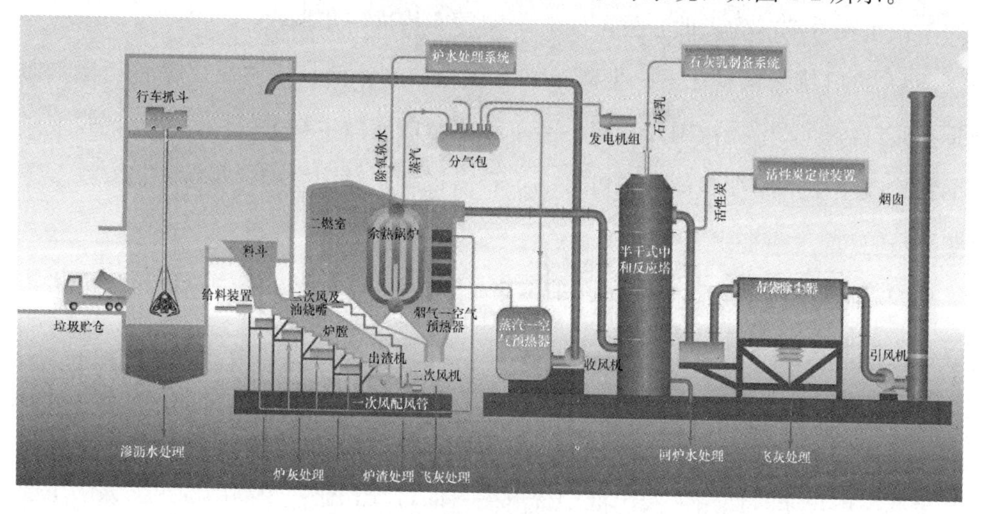

图 1-2　典型垃圾燃烧工艺流程图

资料来源：固体废物处理与处置教学资料素材库，2005。

2）湿式氧化。湿式氧化法又称湿式燃烧法。它是指有机物料在有水介质存在的条件下，加以适当的温度和压力所进行的快速氧化过程。有机物料应为流动状态，可以用泵加入湿式氧化系统。由于有机物的氧化过程是放热过程，所以，反应一旦开始，就会在有机物氧化放出的热量作用下自动进行，而不需要投加辅助燃料。排放的尾气中主要含有二氧化碳、氮氧化物、过剩的氧气和其他气体，液相中包括残留的金属盐类和未完全反应的有机物。有机物的氧化程度取决于反应温度、压力和废物在反应器内的停留时间。增加温度和压力可以加快反应速度，提高 COD_{Cr}的转化率，但温度最高不能超过水的临界温度。

（5）微波处理

最新研究结果表明，微波技术在放射性废物处理、土壤去污、工业原油、污泥等的处理方面可以成功地应用。目前虽还只是处于实验室的研究阶段，但有关专家指出，微波技术在以后肯定能发挥其废物处理方面应有的潜力。

2. 固体废物处置方法

固体废物处置是指最终处置或安全处置，是固体废物污染控制的末端环节，是解决固体废物的归宿问题。一些固体废物经过处理和利用，有部分残渣存在，且很难再加以利用，这些残渣可能又富集了大量有毒有害成分；还有些固体废物，目前尚无法利用，它们都将长期地保留在环境中，是一种潜在的污染源。为了控制其对环境的污染，必须进行最终处置，使之最大限度地与生物圈隔离。随着环境法规的不断完善，固体废物的“处置”重点是“安全处置”，且主要为陆地处置，包括土地耕作、工程库或贮留池贮存、土地填埋以及深井灌注等方法，其中土地填埋法是一种最常用的方法。

（1）土地耕作处置

是利用表层土壤的离子交换、吸附、微生物降解以及渗滤水浸出、降解产物的挥发等综合作用机制处置固体废物的一种方法。该技术具有工艺简单、费用适宜、设备易于维护、对环境影响很小、能够改善土壤结构、增长肥效等优点，主要用于处置含盐量低、不含毒物、可生物降解的固体废物。如污泥和粉煤灰施用于农田作为一种处理方法已引起重视。生产实践和科学研究成果证明，施污泥、粉煤灰于农田可以肥田，具有改土和增产的作用。

（2）土地填埋处置

是从传统的堆放和填地处置发展起来的一项最终处置技术。因其工艺简单、成本较低、适于处置多种类型的废物，目前已成为一种处置固体废物的主要方法。

土地填埋处置种类很多，按填埋地形特征可分为山间填埋、平地填埋、废矿坑填埋；按填埋场的状态可分为厌氧填埋、好氧填埋、准好氧填埋；按法规要求可分为卫生填埋和安全填埋等。随填埋物种类的不同，填埋场构造和性能也有所不同。一般来说，填埋场主要包括：废弃物坝、雨水集排水系统（含浸出液体集排水系统、浸出液处理系统）、释放气处理系统、入场管理设施、入场道路、环境监测系统、飞散防止设施、防灾设施、管理办公设施、隔离设施等。

卫生土地填埋适于处置一般固体废物。用卫生填埋来处置城市垃圾，不仅操作简单，施工方便，费用低廉，还可同时回收甲烷气体，目前在国内外被广泛采用。在进行卫生填埋场地选择、设计、建造、操作和封场过程中，应着重考虑防止浸出液的渗漏、降解气体的释出控制、臭味和病原菌的消除、场地的开发利用等几个主要问题。

1）场地选择。场地选择一般要考虑容量、地形、土壤、水文、气候、交通、距离与风向、土地征用和废物开发利用等诸多问题。一般来讲，填埋场容量应满足 5～20 年的使用期。填埋地形要便于施工，避开洼地，地面泄水能力要强，要容易取得覆盖土壤，土壤要易压实，防渗能力强；地下水位应尽量低，距离最下层填埋物至少 1.5m；避开高寒区，蒸发大于降水区最好；交通要方便，具有能在各种气候下运输的全天候公路，运输距离要适宜，运输及操作设备噪音要不至于影响附近居民的工作和休息；填埋场地应位于城市下风向，避免气味、灰尘飘飞对城市居民造成影响，最好选在荒芜的廉价地区。

2）填埋方法的选择。常用的填埋方法有沟槽法、地面法、斜坡法、谷地法等。土地填埋法的操作灵活性较大，具体采用何种方法，可根据垃圾数量以及场地的自然条件确定。

3）填埋场气体的控制。当固体废物（垃圾）进入填埋场后，微生物的生化降解作用分为好氧与厌氧分解两种。填埋初期，由于废物中空气较多，垃圾中有机物开始进行好氧分解，产生 CO_2、H_2O、NH_3，这一阶段可持续数天；但当填埋区的氧被耗尽时，垃圾中有机物开始转入厌氧分解，产生 CH_4、CO_2、NH_3、H_2O 以及 H_2S 等。因此，应对这些废气进行控制或收集利用，以避免二次污染。在填埋气体控制方面，早期国外一般将填埋气体作为一种有害气体进行管理和处置。进入20世纪70年代后开始将之作为一种有价值尚待开发的再生资源，并对填埋气体产生、迁移规律进行了定性、定量研究。目前已开发填埋气体回收利用的技术及设备，部分国家已发展到商业应用阶段，成功地将填埋气体用于工业、民用燃料及发电。我国在这方面发展较缓慢，据悉杭州天子岭垃圾填埋场即将回收沼气进行发电。

4）浸出液的控制。填埋场浸出液一般源于降雨、地表径流、地下水涌出，废物本身水分。渗出液属于高浓度有机废水，成分复杂，其中COD_{Cr}含量高达$4\times10^4 \sim 5\times10^4$mg/L，氨氮含量高达$7\times10^2 \sim 8\times10^2$mg/L。常用的浸出液控制措施是设置防渗衬里，即在底部和侧面设置渗透系数小的黏土或沥青、橡胶、塑料隔层，并设置收集系统，由泵把浸出液抽到处理系统进行集中处理。此外还应采用控制雨水、地表水流入的措施，减小浸出液的量。

然而自20世纪70年代以来，填埋处理主要遇到两大问题：一是填埋场容量是有限的，旧的填埋场封闭以后，新的填埋场的选择是非常困难的。填埋处理在世界各国都出现地荒，此外填埋设施难以受当地居民欢迎。新场址的选择往往遭到反对，因此目前世界各国填埋的主要潮流是尽量设法延长填埋场的寿命。填埋场由原始废物的直接填埋转向在填埋处理前先进行预处理，例如先经过焚烧，对焚烧残渣再进行填埋，这样可使填埋体积减小80%左右。

（3）深井灌注处置

此法系把液状废物注入地下与饮用水和矿脉层隔开的可渗性岩层内。一般废物和有害废物都可采用深井灌注方法处置。但主要还是用来处置那些实践证明难于破坏、难于转化、不能采用其他方法处理或者采用其他方法费用昂贵的废物。深井灌注处置前，需使废物液化，形成真溶液或乳浊液。

1.4 农村产业结构与有机废弃物的资源化利用

随着我国社会主义市场经济的蓬勃发展，搞好农业产业结构的调整是农村工作的当务之急，重中之重。

农村产业结构系指在农村经济中，第一、二、三产业的比例关系和结合形式。通常用各产业的产值和各产业占用的劳动力数在农村经济总产值和农村总劳动力中所占的比重来反映。

农村产业结构是由农村生产系统中各产业部门组合构成，是农村经济结构的重要组成部分。是由农村各产业部门构成的一个多层次的复合体。如按产业性质分为物质生产部门和与此有关的非物质生产部门；按产业内容分为农业、农村工业、建筑业、交通运输业、商业和服务业六大产业；按产业分工特点分为第一产业、第二产业和第三产业；按劳动、技术及资金密集程度，分为劳动密集型产业、技术密集型产业和资金密集型产业等。农村产业结构常分为3个层次：①农村产业结构。指农、工、商、运、建、服等部门的构成及其比例关系，是最高的一个层次；②广义的农业内部结构或称大农业结构，指农林牧副渔五业间及其内部的相互联系和比例关系；③部门内部结构。如种植业内部粮食作物、经济作物和饲料作物的结构。农村产业结构特点直接影响和制约着农村经济的运行机制和发展。研究农村产业结构及农村有机废弃物的资源化利用技术，可全面认识和把握农村各产业间内在的相互联系，依据社会多样化的需要和资源状况，合理地配置生产力，做到各产业间比例合理，互相促进，协调发展，并获得最佳的经济、生态和社会效益。

1.4.1　作物秸秆的综合利用技术

1. 作物秸秆还田技术

秸秆还田培肥的方法是将秸秆发酵后施于农田中，或者将秸秆粉碎后堆置于农田中进行自然发酵，如图1-3所示。秸秆还田是改良土壤，提高土壤中有机质含量的有效措施之一。

在我国的大部分地区，由于没有采取有效的还田措施，致使耕地连年种植不得休闲，土壤有效养分得不到及时补充，有机质含量逐年下降，农业生产始终处于种大于养、产大于投的掠夺式经营状态。由于化肥占用肥总量比例过大，造成土壤板结酸化、地力衰退、农作物营养不良和病害多等严重后果。

我国农民历来就有秸秆还田的传统。宏观上，秸秆还田可以草养田、以草压草，达到用地养地相结合、培肥地力的目的。微观上，秸秆还田能提高土壤有机质含量；改善土壤理化状况，增加通透性；保存和固定土壤氮素，避免养分流失，归还氮、磷、钾和各种微量元素；促进土壤微生物活动，加速土地养分循

图 1-3　秸秆粉碎翻压还田与秸秆还田机

资料来源：http：//www. szyq. gov. cn；http：//baike. so. com

环。国外的秸秆还田也十分普遍，据美国农业部统计，美国每年生产作物秸秆4.5亿t，占整个美国有机废物生产量的70.4%，秸秆还田量占秸秆生产量的68%。而英国秸秆直接还田量则占秸秆生产总量的73%。

秸秆耕翻入土后，在分解过程中腐殖化并释放养分，使一些有机质化合物缩水，土壤有机质含量增加，微生物繁殖增强，生物固氮增加，碱性降低，促进酸碱平衡，养分结构趋于合理。此外，秸秆还田可使土壤容重降低、土质疏松、通气性提高、犁耕比阻减小，土壤结构明显改善。

秸秆还田的意义主要表现为：

1）增加土壤有机质和速效养分含量，培肥地力，缓解氮、磷、钾肥比例失调的矛盾。据测定，小麦、水稻和玉米3种作物秸秆的含氮量分别为0.64%、0.51%和0.61%，含磷量分别为0.29%、0.12%和0.21%，含钾量分别为1.07%、2.7%和2.28%，还田1t秸秆就可增加有机质150kg。如果每公顷地一年还田鲜玉米秸秆18.75t，则相当于60t土杂肥的有机质含量，含氮、磷、钾量则相当于281.25kg的碳酸氢铵、150kg过磷酸钙和104.75kg硫酸钾，并且还可补充其他各种营养元素。

2）调节土壤物理性能，改造中低产田。秸秆中含大量的能源物质，还田后生物激增，提高土壤生化活性水和提高地温等诸多优点。据测定，连续6年秸秆直接粉碎还田，土壤的保水、透气和保温能力增强，吸水率提高10倍，地温提高1～2℃。

3）形成有机质覆盖，抗旱保墒。秸秆还田可形成地面覆盖，具有抑制土壤水分蒸发、贮存的作用。

4）降低病虫害的发生率。由于根茬粉碎疏松和搅动表土，能改变土壤的理化性能，破坏玉米螟虫及其他地下害虫的寄生，故能大大减轻虫害，一般可使玉米螟虫的危害程度下降50％。

5）增加作物产量，优化农田生态环境。连续2～3年实施秸秆还田技术，可增加土壤有机质含量，一般能提高作物单产20％～30％。将秸秆还田后，避免了就地焚烧造成的环境污染，保护了生态环境。农田覆盖秸秆后，冬天5cm地温提高0.5～0.7℃，夏天高温季节降低2.5～3.5℃，土壤水分提高3.2％～4.5％，杂草减少40.6％以上。

目前，国内已生产出若干种机械化秸秆还田设备，已在一些地区应用。秸秆还田是理想的“秸秆消化”技术。植物从空气中吸收CO_2，从土壤中吸收水分、矿物质，通过光合作用生长发育，经收割后残留于农田的作物秸秆在微生物作用下，再生成水、CO_2、矿物质返回土壤中。秸秆还田技术便捷、快速、成本低，避免了焚烧秸秆对环境的污染，增加土壤有机质含量，改善土壤结构，培肥地力，提高农作物产量，种地养地结合，实现农业生态良性循环，促进农业可持续发展。试验资料表明，连年秸秆还田可增加土壤有机质0.2～0.4个百分点，增产粗粮10％以上，较人工还田提高工效40～120倍，作业成本仅为人工还田的1/4，社会经济效益非常显著，是秸秆综合利用的首选技术，已成为技术农业和生态农业的重要内容，具有十分重要的意义。

2. 秸秆直接还田技术

秸秆直接还田是采用秸秆还田机械作业，机械化程度高，秸秆处理时间短，腐烂时间长，是用机械对秸秆简单处理的方法。

（1）机械直接还田

该技术可分为粉碎还田和整秆还田两大类。

粉碎还田是采用作业机械，一次性将田间直立或铺放的秸秆直接粉碎还田，多项工序一次完成，生产效率可提高40～120倍。秸秆粉碎根茬还田机集粉碎与旋耕灭茬为一体，能够加速秸秆在土壤中的腐烂、分解，进而被土壤吸收，改善土壤的团粒结构和理化性能，增加土壤肥力，促进农作物持续增产增收。

整秆还田主要适用于小麦、水稻和玉米秸秆的机械化整秆还田，可将田间起立的作物秸秆整秆翻埋或平铺为覆盖栽培。

机械还田是一项高效低耗、省工、省时的有效措施，易于被农民普遍接受和推广。自20世纪80年代中期以来，各地农机部门积极开展机械秸秆还田技术的研究开发、试验和推广，机械化秸秆还田面积逐渐扩大，目前已近666.7万hm^2，取得了可喜的成就。但是秸秆机械还田存在两个方面的弱点：一是耗能大，成本高，难于推广；二是山区、丘陵地区土块面积小，机械使用受限。

(2) 覆盖栽培还田

秸秆覆盖栽培中，秸秆腐解后能够增加土壤有机质含量，补充氮、磷、钾和微量元素，使土壤理化性能改善，土壤中物质的生物循环加速。而且秸秆覆盖可使土壤饱和导水率提高，土壤蓄水能力增加，能够调控土壤供水，提高水分利用率，促进植株地上部分生长。秸秆是热的不良导体，在覆盖情况下，能够形成低温时的“高温效应”和高温时的“低温效应”两种双重效应，调节土壤温度，有效缓解气温激变对作物的伤害。目前，北方玉米、小麦等的各种覆盖栽培方式已达到一定的技术可行性，在很多地方（如河北省、黑龙江省、山西省等地）已被大面积推广应用。此外，顾克礼等研究的超高茬麦秸还田作为秸秆覆盖栽培还田的一种特殊形式，是在小麦灌浆中后期将处理后的稻种直接撒播到麦田，与小麦形成一定的共生期，麦收时留高茬30cm左右自然还田，不育秧、不栽秧、不耕地、不整地，这是一项引进并结合我国国情研究开发的可持续农业新技术，其水稻产量与常规稻产量持平甚至略高，能够省工节本，增加农民收入，可进一步深入研究。

(3) 机械旋耕翻埋还田

玉米青秆木质化程度低，秆壁脆嫩，易折断。玉米收获后，用手扶拖拉机拖挂旋耕机横竖两遍旋耕，即可将秸秆切成长20cm左右的碎秆并旋耕入土。茎秆通气组织发达，遇水易软化，腐解速度快，其养分当季就能利用。按每公顷秸秆还田量30000kg计算，相当于每公顷投入碳酸氢铵345kg，过磷酸钙975kg，氯化钾150kg。一般每公顷可增产稻谷1.2～1.65t。

3. 秸秆间接还田技术

秸秆间接还田（高温堆肥）是一种传统的积肥方式，它是利用夏秋高温季节，采用厌氧发酵堆沤制造肥料。其特点是时间长，受环境影响大，劳动强度高，产出量少，成本低廉。

（1）堆沤腐解还田

堆沤腐解还田是解决我国当前有机肥源短缺的主要途径，也是中低产田改良土壤、培肥地力的一项重要措施。它不同于传统堆制沤肥还田，主要是利用快速堆腐剂产生的大量纤维素酶（图 1-4），在较短的时间内将各种作物秸秆堆制成有机肥，如中国农业科学院原子研究所研制开发的“301”菌剂，四川省农业科学院土壤肥料研究所和合力丰实业发展公司联合开发的高温快速堆肥菌剂等。此外，日本微生物学家岛本觉也研究的生物工程技术——酵素菌技术已被引进并用于秸秆肥制作，使秸秆直接还田简便易行，具有良好的经济效益、社会效益和生态效益。现阶段的堆沤腐解还田技术采用高温、密闭、嫌气性条件下腐解秸秆，能够减轻田间病、虫、杂草等危害，但在实际操作上给农民带来一定的困难，难以推广，且嫌气条件下易造成氮的大量反硝化损失。

图 1-4　秸秆堆沤制取复合菌剂

（2）烧灰还田

这种还田方式主要有两种形式：一是作为燃料，这是国内外农户传统的做法；二是在田间直接焚烧。田间直接焚烧不但污染空气，浪费能源，影响飞机起降与公路交通，而且会损失大量有机质和氮素，保留在灰烬中的磷、钾也易被淋失，因此是一种不可取的方法。当然，田间焚烧可以在一定程度上减轻病虫害，防止有机残体产生有毒物质。

（3）过腹还田

过腹还田是一种效益很高的秸秆利用方式，在我国有悠久历史。秸秆经过青贮、氨化、微贮处理，饲喂畜禽，通过发展畜牧业增值增收，同时实现秸秆过腹还田。实践证明，充分利用秸秆养畜、过腹还田、实行农牧结合，形成节粮型牧业结构，是一种符合我国国情的畜牧业发展道路。每头牛育肥约需秸秆 1t，可生产粪肥约 10t，牛粪肥田，形成完整的秸秆利用良性循环系统，同时增加农民的收入。秸秆氨化养羊，蔬菜、藤蔓类秸秆直接喂猪，猪粪经发酵后喂鱼或直接还田。

（4）菇渣还田

利用作物秸秆培育食用菌，废弃菇渣还田，经济、社会、生态效益兼得。在蘑菇栽培中，以 111m^{2}计算，培养料需优质麦草 900kg、优质稻草 900kg；菇棚盖草又需 600kg，育菇结束后，与施用等量的化肥相比，一般可增产稻麦 10.2%～12.5%，增产皮棉 1～2 成，不仅节省了成本，同时对减少化肥污染、保护农田生态环境亦有积极的意义。

（5）沼渣还田

秸秆发酵后产生的沼渣、沼液是优质的有机肥料，其养分丰富，腐殖酸含量高，肥效缓速兼备，是生产无公害农产品、有机食品的良好选择。一口 8～10m^{3}的沼气池年产沼肥 20m^3，连年沼渣还田的试验表明，土壤容重下降，孔隙度增加，土壤的理化性状得到改善，保水保肥能力增强；同时，土壤中有机质量提高 0.2%，全氮提高 0.02%，全磷提高 0.03%，平均提高产量 10%～12.8%。

4. 秸秆腐熟还田技术

利用生化快速腐熟技术制造优质有机肥，是一种应用于 20 世纪 90 年代的国际先进生物技术，将秸秆制造成优质生物有机肥的先进方法，在国外已实现产业化，其特点是：采用先进技术培养能分解粗纤维的优良微生物菌种，生产出可加快秸秆腐热的化学制剂，并采用现代化设备控制温度、湿度、数量、质量和时间，经机械翻抛、高温堆腐、生物发酵等过程，将农业废弃物转换成优质有机肥。它具有自动化程度高、腐热周期短、产量高、无环境污染、肥效高等特点。

5. 作物秸秆的饲料转化技术

秸秆转化为饲料的技术很多，如物理法（粉碎等）、化学法（碱化、氨化）、生物法（青贮、酶发酵）等，运用这些技术可以显著提高秸秆的营养价值和适口性、消化性。目前适宜我国广泛推广的主要是青贮和氨化法。氨化处理技术现多采用简便的堆垛式，即用液氨或尿素、碳铵的水溶液（用量液氨占秸秆干重的3%左右，尿素占3%～5%，碳铵占8%～10%），保持秸秆含水量20%～50%，经1～8周，可使粗蛋白含量增加1～1.5倍，消化率提高20%以上。青贮有壕贮、窖贮、塔贮等形式，青绿秸秆经切碎、压紧、密封，30～45d后使用可减少营养损失20%以上，尤其能保持蛋白质和纤维素。青贮对纤维素的消化性影响甚微，现在人们正试图寻找某些纤维分解菌以提高青贮饲料的消化率。此外，近年来发明的制作膨化饲料的热喷技术和复合化学处理后的秸秆压块饲料新技术，可使各种植物秸秆由低粗饲料变成色、香、味俱佳营养价值高的商品饲料。热喷是将原料投入压力罐内，经短时间低、中压蒸汽处理，然后全层喷放改变其化学物理结构而成为优质饲料。沂蒙山区的平邑县试验证明，热喷麦糠饲喂奶牛可完全代替青干草，每头牛年降低饲料成本256元，产奶量提高1.1%。另外，秸秆水解生产酵母饲料是近年来秸秆饲料化的又一新技术。

1.4.2 畜禽粪便的处理利用技术

1. 氧化塘处理的多层次利用

建设简易露天氧化塘并结合一系列生物技术处理大量的畜禽粪便，既经济又高效。辽宁省盘锦市大洼县生态养殖场探索总结出了猪粪尿“三段净化四步利用”技术：一级处理池种水葫芦吸附氮，二级处理池种细绿萍吸附磷、钾，达渔业水质标准后，排入三级处理池养鱼、蚌，达灌溉水质标准后排入农田。此项技术每年可收获青饲料近300t，鲜鱼50t，珍珠50kg，增产稻谷64t，经济效益和环境效益显著。

2. 饲料加工利用

主要以鸡粪为主，处理方法有干燥处理、发酵处理等。干燥处理多采用机械直热方式，如北京峪口鸡场建成的机械化直热式粪干处理车间，通过高温、高压、热化、灭菌、脱臭流水技术处理，将鲜鸡粪制成干粉状饲料，产量1000kg/h，年产值12万元。目前最为先进的是微波处理工艺，如上海农垦局农机研究所设计的9WJF-800型微波处理设备，可产颗粒饲料800kg/h，用于饲喂肉牛每kg可代替玉米0.27～0.33kg、棉籽饼0.77～0.88kg，降低成本0.40～0.57元。另外，吉林大学的膨化机、东北大学的热喷技术等也都是值得推广的成功技术。鸡粪的发酵处理，一种是利用细菌和酵母菌通过好氧性发酵，有效利用鸡粪中的尿酸，其蛋白质含量可达50%，氨基酸成分接近大豆；另一种是采用青贮方法，将鸡粪与适量玉米、麸皮、米糠等混合装缸或入袋厌氧发酵，发酵后的鸡粪具有酒香味、营养丰富，含粗蛋白20%、粗脂肪5.7%，远高于玉米等粮食作物。

1.4.3 沼气厌氧发酵及其残余物利用技术

目前在我国农村广泛采用的家用小型沼气池容积6～10m^3，多与猪圈、厕所连通。进料前植物性原料需进行堆沤处理，粪草比以2∶1～3∶1之间为宜，保持碳氮比13∶1～30∶1，pH值6.8～7.4。每天投料4～8kg（干），5～7d出料一次。这种沼气池单位容积日均产气0.12～2m^3，年产沼渣5～7m^3、沼液25t。随着沼气厌氧发酵技术的不断改进，池体结构已由最初的水压式发展到较为先进的浮罩式、集气罩式、干湿分离式、太阳能式等，规模上由户用小型沼气池逐步向集中供气的大中型沼气池发酵工程发展，发酵温度也有常温（10～26℃）、中温（28～38℃）和高温（48～55℃），气压上有低压式、恒压式等多种形式。在发酵工艺方面，采用干发酵、两步发酵、干湿结合、太阳能加热等新技术，有的还采用碳酸氢铵代替猪粪与秸秆混合发酵，或通过施加添加剂，培育高效发酵微生物，提高产气率。淄博市西单村建有一座总容积2200m^{3}的沼气发酵罐，全村200头奶牛、2500头猪、1万只鸡每天共产生约7500kg粪便投入沼气罐，日均产气296m^3，产沼肥10t。沼气发酵残余物是一种高效优质有机肥和土壤改良剂，沼液一般用作追肥，沼渣适宜作底肥。山东省农业科学院在小麦抽穗扬花期进行沼液追肥，每次300kg/hm^2，喷3次增产12.9%。沼气发酵残余物还用来喂猪、养鱼、栽培食用菌、养殖蚯蚓等。喂猪一般选用投料一个月后的上清液，随取随喂，定时定量，以占总料的30%为宜。安徽阜南县试验表明，添加沼液喂猪可使育肥期缩短一个月，节省饲料80kg。喂鱼以滤食性鱼（如鲢鱼）为主，施用时间、数量视水的透明度和季节、温度而定。江苏省沼气研究所实验证明，沼渣养鱼较投放猪粪增产25.6%，且能改善鱼的品质。南京古泉农村生态工程实验场用50%浓度的沼液进行春菇追肥和喷洒，增产率为14%，且个大色泽好，若作基肥拌入基料中，比一般栽培可提早14d出菇。

1.4.4 城镇有机废弃物农用堆肥技术

堆肥分野外堆肥法和高温堆肥法两种，其中高温快速堆肥法是较为有效的技术措施。堆肥工艺主要分前处理、发酵、后处理三个阶段。前处理包括垃圾的收集、筛分、配料、加温、混合及除去不宜堆肥物、统一粒度、调整温度和碳氮比等工序，要求有机质含量达 400～600g/kg，碳氮比为 30 左右，含水量 40%～60%；发酵过程包括布料、发酵、翻堆、通风、后熟等工序，是一个生物降解过程；后处理过程包括筛分、去石、造粒、装袋等工序，去掉其中未腐烂杂质，得到精堆肥。世界各国的垃圾堆肥一般含氮 3.6～25.2g/kg。1985～1989 年，无锡市在国内首先建成了一座日处理 100t 城市垃圾的堆肥工厂，垃圾经 20d 发酵处理，成为腐熟度好、无臭味、无污染的优质有机肥料。施用这种肥料，可使小麦增产 20%，油菜增产近 1 倍。

1.5 农村有机废弃物资源化利用政策和产业化对策

农村有机废弃物既是优良的有机肥料，又是重要的可再生能源。废物利用，对于改善农村水土空气环境质量和卫生状况，提高农民生活质量和健康水平；对于开发农业废弃物能源，改善农村能源结构；对于发展有机生态农业，促进农业循环经济发展；对于优化农作物产品品质，提高农业经济发展水平和质量；对于节约农业生产成本和农民生活成本，提高经济效益，都有着极为重要的现实意义和深远的历史意义。但是，农村有机废弃物资源化进程却进展缓慢。要切实加快农村有机废弃物资源化进程，必须尽快建立完善有利于农村有机废弃物开发利用的促进体系，包括采取法律、行政、经济、科技、教育等多方面的措施，尽快调整完善落实有利于农村有机废弃物开发利用的相关政策与产业化发展对策。

1.5.1 大力发展农业有机废弃物能源化利用

当前，发达国家十分重视可再生能源的开发和利用。如，德国以国家的根本利益和长远利益以及国家的发展目标为出发点来对待可再生能源，并将其纳入国家总体发展战略和政策当中。在过去几十年中，对可再生能源领域的研发投资达到17.4亿欧元；1998年德国政府提出用6年时间投资9亿马克，启动了《10万太阳能屋顶计划》；坚持政府推动和市场引导相结合的原则，运用财政支出、融资支持、税收优惠、价格补贴、消费鼓励等经济杠杆，引导和扶持民间企业对国家可再生能源基础设施的投资、可再生能源技术的应用和开发；对可再生能源的开发、生产和利用进行补贴，补贴所需资金主要来源于能源税、生态税以及对高能耗企业和高能耗设备增收的有关税款。这些措施极大地促进了国家可再生能源技术的普及推广，也帮助可再生能源产品形成了完全自主的市场竞争力。近些年生物能在德国能源消费结构中的比例明显上升，到2002年底，生物能利用已达全国总供热量的3.4%、供电量的0.8%、燃料使用量的0.8%；全国约有100个生物能热电厂，总功率达400MW。德国是欧盟的第二大沼气生产国，其沼气生产量增长最快的领域是利用农业废生物生产沼气。仅2002年，德国就投入使用了约1900套沼气设备，总功率达250MW。

我国目前对可再生能源的开发、生产和利用扶持力度不够、补贴资金不足的问题十分突出，与发达国家相比还有相当大的差距。因此，我国赶超发达国家，还须一个比较长的时期。我们应该学习发达国家的先进经验，尽快建立健全有利于可再生能源开发、生产和利用的法律、行政、经济等方面的促进体系，必要的能源税、生态税等税种要立法征收，须利用的经济杠杆要充分运用，确保可再生能源的开发、生产和利用有充分的政策支持和充足的经费保障，特别是集中式能源工程和废物利用工程建设要有强有力的支持保障。湖南省在推进新农村建设中，在全国率先制定、并于2006年3月初正式实施的《农村可再生能源建设条例》，省委、省政府决定“十一五”期间，将至少投入10亿元，新增农村可再生能源用户150万户，新增大中型沼气工程5000处，并力促农村可再生废弃物利用向更宽领域、更高层次发展。可以预见，大力资助农业有机废弃物生物能源工程项目建设等重大举措，拉动可再生资源的开发利用，能够有效调动全省农民对有机废弃物开发利用的积极性，给农民带来福音和极大的实惠，为实现有机废弃物资源化带来希望和光明的前景。

1.5.2 加大研发、推广、使用新技术、新工艺和新产品的科技投入

我国目前对农业有机废弃物资源的开发利用，还处于低层次、低水平、小规

模、分散型的初级阶段。就郴州市而言，大部分农民开发利用沼气能源，主要设施还是建设普通的沼气池，烧水、做饭、照明、取暖还是采用普通的沼气设备，采用较先进设备设施的农户很少。这样，无疑影响了农业有机废弃物资源开发利用和再利用的效率和效益，降低了节约资源、减轻污染的功效，同时也增加了劳动强度。随着可再生能源的开发、生产和利用，新技术、新工艺、新产品将应运而生。因此，政府对可再生能源开发、生产和利用的支持经费，一方面可以增加开发新技术、新工艺、新产品的科技投入，另一方面可以增加农民使用新技术、新工艺、新产品的补助，双向促进有机废弃物资源的开发利用。

1.5.3 建立健全农村环保管理体系

实现农村有机废弃物资源化，必须有坚强的组织保证，必须依靠一定的载体形成农民群众的凝聚力。然而，目前农村基层组织普遍存在号召力减弱、管理松散的问题，在环境管理方面，乡（镇）村基本上无机构、无人员、无基础设施、无投入，处于无人管、无法管，管不了、管不好的状态。因此，要使农村有机废弃物资源开发利用达到最高效率和最佳效益的目标，必须解决农村环保“四无”问题，将有机废弃物资源开发利用作为环境保护责任制的重要内容；环境保护责任制要落实到农村基层党委、政府以及村支部、村民自治组织，列入各级行政负责人年度目标考核重要内容；落实环境保护责任制必须层层建立职责分明的工作、督查责任制，建立相配套的激励机制和追究机制，对环境质量好的乡村给予表彰奖励，对环境质量差、发生污染事故及纠纷的乡村，追究其主要领导和责任人的责任，确保农村环境保护工作领导到位、认识到位、责任到位、措施到位、投入到位。与此同时，还必须全面开展“环境优美乡（镇）村”、“文明单位”、“卫生单位”、“健康家庭”、“节约家庭”等一系列创建活动，帮助广大农民建立“八荣八耻”的社会主义荣辱观，建立现代农业、集约农业、绿色农业和特色农业的观念，使广大农村形成“讲文明、树新风、爱家园、争效益”的良好氛围。对于各项创建活动，政府及其相关部门除给予精神鼓励之外，也应给予物质奖励和经济资助。就环保方面的创建而言，近些年来不断推出了“绿色学校”、“绿色社区”、“环境优美乡镇”、“生态示范区”、“环境模范城市”、“环境友好企业”等规格不一、但覆盖面极广的一系列创建活动，然而因为这些创建基本上没有经济资助，基层创建积极性难以调动起来，基层环保部门在这项工作中往往处于尴尬境地。就郴州市而言，对于“环境优美乡镇”、“绿色社区”等创建活动，基层环保部门宣传发动了好几年，至今还没有一个乡镇申请创建“环境优美乡镇”，“绿色社区”的创建也是屈指可数。究其原因，主要是缺乏经济资助。因此，对于文明创建活动、特别是一些基础设施建设投入较大的创建活动，政府及相关部门也应该建立“以奖代投”的激励机制。

就开展环保创建活动而言，政府及环保部门的经济资助，对于促进人们建立环境文化观念，调动治理污染、保护环境的积极性和创造性，包括调动农民开发利用农村有机废弃物资源的积极性和创造性，都有着潜在的巨大作用。当然，农村文明创建工作也与经济社会发展工作一样，要用足用够相关优惠扶持政策，但又不能抱以“等、靠、要”的消极态度一味地依靠政府，而必须依靠农民的自觉性和能动性去发展农村经济，建设美好家园。因此，农村基层组织还应该采取积极措施，大力开辟筹资渠道，采取形式多样的开发利用方式，共同促进农村有机废弃物资源化。可以按照农户固体废弃物产生量收取一定比例的治理费用，设立环保专项基金；乡（镇）村企业除了治理本企业污染外，亦可按销售收入提取一定比例资金进入环保专项基金；乡（镇）村集体经济可以列支部分经费，用于农村处理“三废”，发展生态农业、改水改厕、改善卫生条件等方面的公益基础设施建设。

总之，只要各级政府及其部门建立健全农村环保管理体系，并认真实施有利于农村、农民和农业发展的宏观政策、财政政策、投资政策、价格政策、税收政策、能源政策、贸易政策等支农惠农政策，必将调动农民发展现代农业、集约农业、绿色农业和特色农业的积极性、主动性和创造性。只要广大农民群众观念更新了，思想统一了，行动一致了，建设清洁家园、清洁水源、清洁田园、清洁能源的新农村环境目标，建设资源节约型、环境友好型社会的目标，就能够早日实现。

2 农村有机废弃物基础知识

中国是一个农业大国，随着农业生产水平和农民生活水平的不断提高，对原来用作肥料和燃料的农业废弃物的利用越来越少，因此农业废弃物越来越多。我国已成为世界上农业废弃物产出量最大的国家，其中农作物秸秆年产量达 5 亿 t（干质量），畜禽粪便排放量 134 亿 t，城市垃圾 7 亿 t 以上。随着工农业生产的迅速发展和人口的增加，这些废弃物以年均 5%～10%的速度递增。这其中大部分废弃物被当作垃圾丢弃或排放到环境中，造成可利用资源的浪费和对生态环境的污染。因此，如何合理利用农业废弃物资源，真正实现农业废弃物变“废”为“宝”，对缓解我国能源压力，保护生态环境，促进农业的可持续发展具有重大意义。本章系统地介绍了农村有机废弃物的基本概况及其资源化利用的必要性。

2.1 农村有机废弃物的定义和分类

农村有机废弃物既是优良的有机肥料，又是重要的可再生能源。废物利用，大有可为，已经成为人们的共识。

废弃物是指在生产建设、日常生活和其他社会活动中产生的，在一定时间和空间范围内基本或者完全失去使用价值，无法回收和利用的排放物。而农村有机废弃物，即农村有机垃圾，主要是指在整个农业生产、农产品加工、畜禽养殖业和农村居民生活过程中被排放丢弃的有机类物质的总称。农村有机废弃物主要包括四大类：大田作物和烟、茶、果、菜园等经济作物在农林业生产过程中产生的植物的残留（落）物（如秸秆、杂草、落叶、落果等），见图 2-1；牲畜和家禽的排泄物及畜栏垫料，水产养殖过程中产生的动物类残余废弃物等，见图 2-2；农产品贮存和加工过程中产生的加工类残余废弃物（废液、废渣等）；农村居民生活排放的废弃物，包括人粪尿和生活垃圾，见图 2-3。

图 2-1 农林废弃物

资料来源：http：//baike. so. com

图 2-2 畜禽养殖废弃物（畜禽粪便）

资料来源：http：//image. baidu. com

图 2-3 农村城镇生活垃圾现状

资料来源：http：//image. baidu. com

2.2 农村有机废弃物的来源（包括产生量）与特点

近年来，农村有机废弃物产量随着城镇化进程的加快呈上升趋势，为了改善人们生活环境的质量，农村有机废弃物的处理显得尤为重要。

我国是一个农业大国，农村有机废弃物增长速度快、种类多、来源广，既包括秸秆、树叶等农林废物，废纸、废塑料、厨余垃圾、果壳等日常垃圾，又包括畜禽粪便、食品工业废渣、污泥、高浓度有机废水等。

我国每年产生大量的农业剩余物秸秆资源，如麦秸、稻草、玉米秸以及棉花秸秆等。我国不同地区农作物秸秆年产量见表 2-1。根据有关最新的资料统计，全国农作物副产的秸秆每年在 7 亿 t 左右，其中玉米、高粱、棉花等农作物秸秆数量在 2 亿 t 左右，麦秸和稻草在 4 亿 t 左右，豆类及油料作物秸秆为 1 亿 t 左右，其中可供收集利用的约为 6 亿 t 以上。

我国不同地区农作物秸秆年产量（万 t） **表 2-1**

地区	年产量	地区	年产量	地区	年产量
北京	429	上海	179	天津	302
河北	4413	山西	1338	内蒙古	1698
辽宁	550	吉林	3371	黑龙江	3824
江苏	3549	浙江	1134	安徽	2924
福建	6643	江西	1304	山东	7191
河南	5650	湖北	3202	湖南	2074
广东	1405	广西	1525	海南	176
陕西	1334	甘肃	754	新疆	1463
四川	4464	贵州	1123	云南	1486
西藏	50	宁夏	268	青海	205

和一般废弃物相比，农村有机废弃物具有热值小、易腐烂、成分复杂多变、有机质含量高以及 N、P、K 和其他微量元素含量丰富等特性。因此，只有针对其不同特性进行分类处理，才能实现垃圾处理零污染，进而实现环境与经济的可持续发展。一般说来，农村有机废弃物具有以下四个特点：

（1）数量大。我国每年的农业和林业废弃物有近10亿t，城市生活垃圾年产生量约1.2亿t，预计2020年将达到2.1亿t。

（2）污染性。主要表现在：①臭气、秸秆焚烧、温室气体排放，加剧了空气污染；②重金属和农药、兽药残留污染土壤，增加环境生物的耐药性；③农业“白色污染”严重影响土壤的正常功能；④污水横流增加面源污染和水体富营养化；⑤病毒传播，疾病蔓延（图2-4）。

图2-4　空气污染与白色污染现状

（3）资源性。农村有机废弃物可以转化为有机肥料、饲料、合成材料、养殖昆虫等。

1）有机肥料。以废弃物和生物有机残体为主的肥料。中国地域辽阔，人口众多，有机肥料资源十分丰富。种类多，数量大，是中国农业生产的重要肥源，但它也是农业、畜牧业生产的副产物。可以说，哪里有农业、畜牧业、哪里就有有机肥源。城市中可以利用的有机生活垃圾，主要来自农产品和畜产品。所以农业、畜牧业越发展，有机肥资源就越丰富。根据全国各地区调查，目前使用的有机肥料就有14类100多种。人粪尿是一项重要有机肥源。平均每个成年人每年粪尿排泄量约为790kg，折含氮素（N）4.4kg，磷素（P）1.36kg，钾素（K）1.67kg。如以人粪收集利用率按60%、人尿30%计算，中国农村人口有9亿，折合为成年人，每年就可积攒人粪尿1600多亿kg，可为农业生产提供氮素90万t，磷素28万t，钾素34万t。另外，猪牛羊等家畜排泄物数量大，养分丰富，是中国农村最大的有机肥资源。

2）饲料。有机废弃物转化成饲料潜力巨大。畜禽粪便、各类农业秸秆、饼粕类、畜禽屠宰废弃物、各类食品加工废弃物等资源广泛，数量庞大，具有较好的营养成分，均可加工成各种发酵饲料。将有机废弃物制作或先通过微生物转化可开发出各种动物蛋白、单细胞蛋白饲料，这不但使废弃物的利用价值得到很大提高，而且能大大缓解我国蛋白饲料紧缺的局面，对解决我国饲料用粮和饲料蛋白有着积极的作用。

3）合成材料。合成材料又称人造材料，是人为地把不同物质经化学方法或聚合作用加工而成的材料，其特质与原料不同，如塑料、玻璃、钢铁等。将农村有机废弃物作为原料，对实现有机废弃物的减量化资源化具有很大促进作用。

4）秸秆养殖昆虫。所谓秸秆饲料主要是指禾本科作物的秸秆和豆科作物秸秆。禾本科作物秸秆主要有玉米秸、小麦秸、稻草等；豆科作物秸秆有黄豆秸、蚕豆秸等，此外还有各种蔓藤。秸秆饲料的营养特点是粗纤维含量高，占干物质的30%～40%，将秸秆结合饲料养殖昆虫，可提高秸秆利用率，降低饲养成本，为农户创造可观的经济效益，见图2-5。

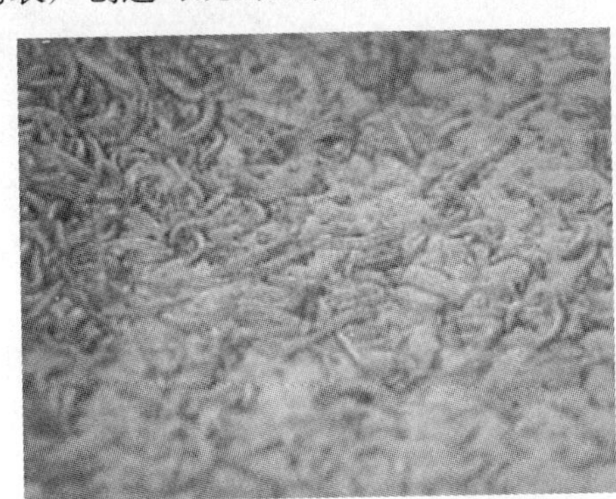
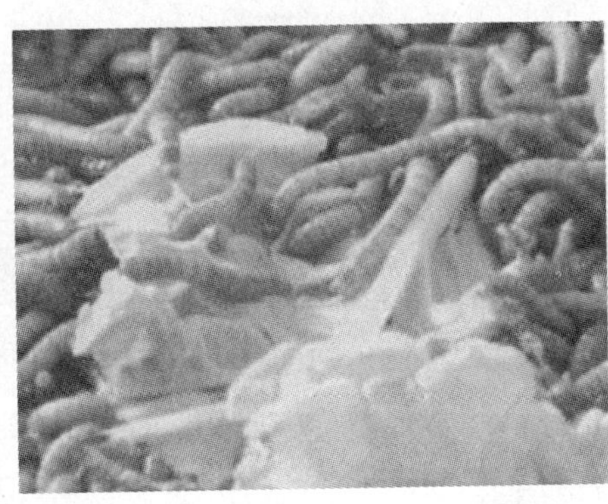

图2-5 秸秆养殖昆虫

（4）能源性。农村有机废弃物的能源性主要体现在畜禽粪便厌氧发酵生产沼气、秸秆热解气化、有机垃圾混合燃烧发电、有机废弃物制备固体和液体燃料等。

1）畜禽粪便厌氧发酵生产沼气。以低廉的畜禽粪便为原料，进行厌氧发酵，可产沼气，发酵后的沼渣和沼液可作优质的有机肥料使用，生产中产生的余热可用于发酵供热或厂区保温供暖。

2）秸秆热解气化。秸秆热解气化技术是近年来发展的一项较新的秸秆利用技术，即将秸秆转化为气体燃料的热化学过程。秸秆在气化反应器中氧气不足的条件下发生部分燃烧，以提供气化吸热反应所需的热量，使秸秆在700～850℃左右的气化温度下发生热解气化反应，转化为含氢气、一氧化碳和低分子烃类的可燃气体。秸秆热解气化得到的可燃气体，既可以直接作为锅炉燃料供热，又可以经过除尘、除焦、冷却等净化处理后，为燃气用户集中供气，或者驱动燃气轮发电机或燃气内燃发电机发电。

3）有机垃圾混合燃烧发电。将有机垃圾收集分类，投入燃烧炉中燃烧，最终将热能转化为电能，用于农户照明，见图2-6。

图2-6　有机垃圾混烧发电示意图

资料来源：固体废物处理与处置教学资料素材库，2005。

4）固体燃料。利用废弃物秸秆添加助燃剂、外加剂等制备固体成型燃料，见图2-7，取代煤炭等能源物质，可有效降低能源消耗。

图2-7　秸秆成型燃料

资料来源：http：//image.baidu.com

5）液体燃料。在常温下为液态的天然有机燃料及其加工处理所得的液态燃料。利用农村有机废弃物可制成生物柴油、生物乙醇等液体燃料，为缓解能源危机提供了新思路与新方法（图 2-8）。

图 2-8 生物柴油和生物乙醇

资料来源：http：//image. baidu. com

2.3 农村有机废弃物的危害

随着经济的发展和人民生活水平的提高，垃圾问题日益突出。据统计，全世界垃圾年均增长速度为 8.42%，而中国垃圾增长率达到 10%以上。全世界每年产生 4.9 亿 t 垃圾，仅中国每年就产生近 1.5 亿 t 城镇垃圾。其中，农村村镇废弃物产量巨大。这些废弃物埋不胜埋，烧不胜烧，对自然环境和人类生存造成了一系列严重危害。

1. 污染大气环境

露天堆放的农村有机废弃物中细小颗粒、粉尘等可随风飞扬，进入大气环境并大面积扩散；有机固体废弃物在适宜的温度和湿度下发生生物降解，释放出沼气，在一定程度上消耗植物上层空间的氧气，使植物衰败；有毒有害废物还可发生化学反应产生有毒气体，扩散到大气中严重污染了大气和城市的生活环境，危害人体健康。

2. 严重污染水体

农村废弃物中的固体废弃物可随地表径流进入河流湖泊，或者随风迁徙落入水体，从而将有毒有害物质带入水体，杀死水中生物，污染人类饮用水源，危害人体健康。另外，垃圾在堆放腐败过程中还会产生大量的酸性和碱性有机污染物，并会将垃圾中的重金属溶解出来，形成有机物质，重金属和病原微生物三位一体的污染源，雨水浸入后产生的渗滤液必然会造成地表水和地下水的严重污染。

3. 生物性污染

有机废弃物中有许多致病微生物，其乱堆、乱放、乱排，不仅严重影响到农村环境卫生和环境安全，致使广大农民难以“喝上清洁水，呼吸上清新空气，吃上放心食物，在良好的环境中生产生活”。化肥、农药、农膜、除草剂以及各类激素普遍应用于农业生产，同样致使农业面源污染积累增加。此外，因畜禽粪尿堆放发酵产生氨气、硫化氢等恶臭气体，滋生蚊蝇，传播疾病，严重危害到农民的身体健康。

4. 侵占大量土地并影响土壤环境

农村有机废弃物不合理利用，任意露天堆放，不但占用一定的土地，导致可利用土地资源减少，还容易污染土壤环境。有机质的缺乏，对土壤环境、肥力构成极大的危害，一些耕地出现耕层浅、土质变酸变黏、板结硬化、土地功能逐年丧失，严重制约农业生产。而一些集中养殖区域，因畜禽粪尿集中排放造成周边土壤有机质和氮、磷过量，引起农作物徒长、贪青、倒伏，推迟成熟期；土壤中有机质累积和移动的磷酸富积，引起土壤板结；土壤中栖居的动物、昆虫、真菌、放线菌和细菌大量繁殖，引发病虫害，同样制约了农业生产。此外，残留毒害物质不仅在土壤里难以挥发降解，而且能杀死土壤中的微生物，破坏土壤的腐解能力，改变土壤的性质和结构，阻碍植物根系的生长和发育，“白色”垃圾在土壤中长期存留，不易降解，严重影响农作物生长，导致粮食减产。

近些年来，中央和地方政府高度重视“三农”问题，在改善城乡地区人居环境方面做了大量的工作，也取得了较为显著的成效。但由于基础差、底子薄，当前我国农村的大量废弃物直接排放，相关处理设施建设十分落后，造成土地、农田、河流污染，影响着村民的居住环境，威胁着农民的身体健康，制约着农村经济的发展。

工厂化有机废弃物利用技术　3

3.1　有机废弃物生产乙醇

石油是不可再生的能源，随着石油消费量的迅速增长，世界石油资源逐渐枯竭。随着经济的迅速发展，我国对石油进口依赖愈来愈大，势必影响到我国的能源安全。为缓解石油紧张，回收利用农业资源，我国研究开发石油的替代品的任务无疑更加紧迫。

本节主要从有机废弃物乙醇化基本知识、乙醇发酵工艺及有机废弃物中的糖类纤维素类物质发酵乙醇等章节阐述了有机废弃物制乙醇的应用前景，这对降低石油的资源浪费，带动粮食产业化进程，使玉米秆等农业废弃物充分利用，增加资源回收等有重要意义。

3.1.1　有机废弃物的乙醇化知识

以纤维素物料生产乙醇的关键是把纤维素水解为葡萄糖，即完成纤维素物料的糖化过程。纤维素一旦水解为单糖，它的发酵生产乙醇的过程与淀粉发酵无异，该过程见图 3-1。纤维素的水解可能采取化学或生物的方法，生物的方法即酶水解被认为是最有希望的工艺。纤维素酶水解工艺中几个关键的问题包括酶的解吸附、不同酶的协同作用、酶的产物抑制的消除、高产纤维素酶的菌种选育和高活力与热稳定性酶的生产及改进预处理技术和酶水解工艺，这些都是未来的研究重点。

对于纤维材料的生物利用总的来说可分为两类。

一类是先经纤维素酶或半纤维素酶的水解产生葡萄糖、木糖等发酵性糖，再由另外一类微生物（如酵母菌）发酵产生乙醇等物质，即二步发酵法。二步发酵

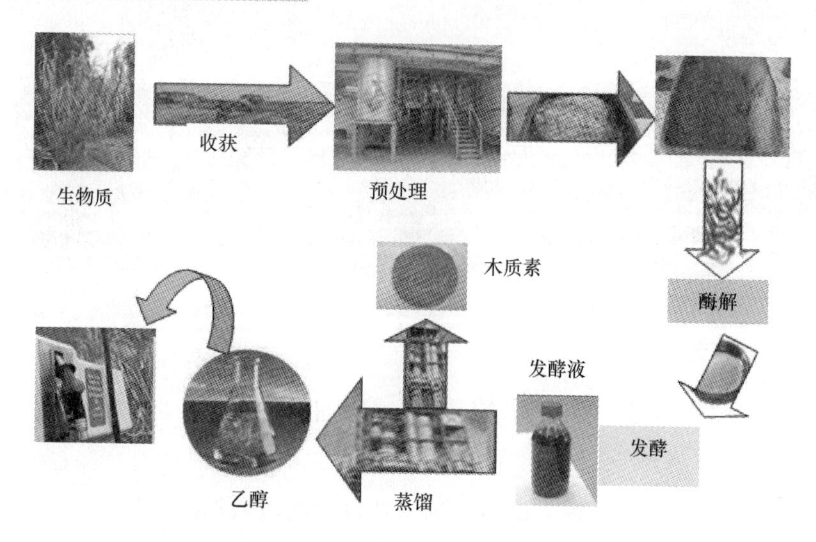

图 3-1 利用生物质发酵生产乙醇

资料来源：固体废物处理与处置教学资料素材库，2005。

法是先由微生物（多数为丝状真菌。嗜热厌氧细菌在生长速度和纤维素代谢速度上比其他菌株快，同时它所产生的纤维素酶的稳定性也有很大的提高）。在纤维性材料上产生纤维素酶和半纤维素酶，然后进行酶解纤维素、半纤维素产生糖，再由酵母菌发酵产生乙醇（即产酶、酶解、发酵三个步骤）。这三个步骤所需要的条件各不相同（如温度），整个过程经历的时间较长，需要两种微生物的作用，在工艺上较复杂。

第二类是经过一步即可将纤维性物质转化为乙醇，其中又分为有两种微生物参与的同时糖化发酵和仅用一个菌株的直接发酵法两种。利用二株菌的同时糖化发酵法与两步法相比，可消除酶解时产物对酶解作用的抑制，缩短了发酵时间，但仍需两种微生物的分别作用。直接发酵法是仅利用一种微生物产生的纤维素酶和半纤维素酶酶解产生的糖仍由同一株菌来完成发酵的过程，此方法工艺简单，历时短，对纤维性材料的生物法利用有很大实际意义。

3.1.2 含糖类废弃物发酵生产乙醇的微生物工艺

糖类原料包括甘蔗、甜菜等糖料作物，甘蔗是此类原料的代表。甘蔗适合在热带及亚热带种植，由于其具有碳四光合途径，光合效率很高，是一种含高生物量、高可发酵糖量的作物，是用来生产糖或乙醇的理想原料，而且甘蔗制糖工业产生的大量糖蜜也可以用来发酵产燃料乙醇。

巴西是世界上最大的甘蔗燃料乙醇生产国和出口国，其种植的甘蔗一半用来生产燃料乙醇，2009年产量达到220亿升，其甘蔗燃料乙醇生产工艺及废弃物综合利用处理技术比较成熟，生产工艺主要废弃物为蔗渣及乙醇蒸馏后的发酵废水。在巴西，蔗渣几乎全部用来燃烧发电，少部分用来造纸或其他用途，一般的大型乙醇厂都配套建设有发电厂，电力除用作乙醇生产过程中动力和热量消耗外，还有一部分可以输入电网供民用，这部分电量占到巴西国内总消耗电量的15%；发酵废水经沉淀，上清液直接用来灌溉农田，沉淀物则作为肥料施用于农田。甘蔗制糖-乙醇联产模式也是燃料乙醇生产常用的一种工艺，制糖过程中产生的糖蜜发酵产乙醇是一项成熟的技术，同样，此生产模式也会产生蔗渣和发酵废水。但蔗渣发电和废水灌溉并不适用于所有地区，如何开发新的技术方法对蔗渣和发酵废水进行更有效地利用是甘蔗燃料乙醇发展过程中要探讨的问题。

在某些尚未实现甘蔗燃料乙醇-发电厂联产的中小型生产企业或主要以甘蔗-糖-乙醇联产形式的地区，蔗渣直接用作燃料为制糖车间或发酵车间提供热量，此种方法对蔗渣的能量利用率较小，一般还会有15%～25%的剩余，剩余蔗渣的有效利用问题需得到解决。蔗渣与一般木质纤维素原料成分相似，富含纤维素和半纤维素，是一种非常有潜力的纤维素质燃料乙醇生产原料。Laser等进行了高温液态水和蒸汽预处理甘蔗渣生产燃料乙醇的研究，考察了不同处理条件对木聚糖回收率及同步糖化发酵的影响，结果表明，在最优条件下，高温液态水处理效果较好，木聚糖回收率及同步糖化发酵转化率均高于90%；Martin等首次利用经基因重组的可代谢木糖的Saccharomyces cerevisiae TMB 3001发酵甘蔗渣酶水解产物生产燃料乙醇，同时考察了多酚氧化酶和石灰预处理对蒸汽爆破预处理过程中产生的酚类化合物、乙酸、糠醛等发酵抑制物的去除效果。Cheng等和Chandel等研究了不同处理方法对蔗渣预处理过程中产生的发酵抑制物如呋喃、酚类化合物、有机酸及糠醛等去除效果的影响，包括过量石灰处理、活性炭处理、电渗析法处理、阴离子交换树脂处理及漆酶处理，酸预处理耦合电渗析处理方法效果显著，可将水解液还原糖浓度从28g/L提高到63.5g/L，同时硫酸用量可减少到0.056g/g甘蔗渣，最终乙醇产率达0.34g/g糖。Doran等将Zymomonas mobilis中编码产乙醇代谢途径的关键基因导入到Klebsiella oxytoca P2

中，经同步糖化发酵，乙醇产率可达到理论值的70%。虽然近年来蔗渣制燃料乙醇技术得到大力发展，但仍存在纤维素水解酶成本较高及水解液中六碳糖和五碳糖共代谢高效利用的问题，大规模工业化应用有待这些关键问题的解决。

甘蔗及糖蜜燃料乙醇发酵废水属无毒高浓度有机废水，在部分地区，此类废水先经固液分离，清液经稀释用作灌溉农田，滤渣经处理后作为肥料。在对废水排放标准控制比较严格的地区，此类废水一般通过生物法进行处理，废水先经厌氧处理除去大部分的COD，同时可收集产生的沼气作为燃料，厌氧出水再经好氧及深度处理达标排放。研究主要集中在开发高效经济的处理方法及反应器、能源回收和废水深度脱色处理方面。

UASB（升流式厌氧污泥床）、EGSB（厌氧膨胀颗粒污泥床）、AF（厌氧生物滤池）及AFR（厌氧流化床）等高速厌氧反应器已成功应用于酒精发酵废水处理中。厌氧-好氧处理技术相对成熟，但经厌氧-好氧工艺处理后的废水COD_{Cr}浓度及色度仍然较高，乙醇蒸馏过程中产生的难降解的蛋白黑素是造成出水色度高的主要原因，真菌或细菌生物处理可有效去除废水的色度。Sirianuntapiboon等研究了在SBR（序批式活性污泥法）系统中产乙酸菌对糖蜜酒精废水中蛋白黑素的吸附作用，吸附色素后的菌体可通过0.1mol/L的NaOH溶液洗涤脱附，该方法可快速吸附去除大分子蛋白黑素。Ghosh等研究了Pseudomonas putida对蛋白黑素的生物降解作用，发现补加葡萄糖、乳糖或乳清作为碳源时可提高菌体对蛋白黑素的去除效果，且补加乳糖或乳清时，此方法在经济上有一定可行性。Tondee等分离得到一株Lactobacillus plantarum，该菌株在厌氧条件下对小分子的蛋白黑素表示出很强的降解效果，在最优条件下处理经厌氧消化的糖蜜酒精废水，出水色度去除率达76.6%，同时此菌株的优势在于不需通气供氧，可应用于废水厌氧生物处理步骤，降低动力消耗。由于现阶段对蛋白黑素的性质及其在厌氧阶段的结构转变缺乏足够的认识，生物脱色研究现阶段仅限于实验室规模，随着方法技术的改进，生物脱色法具有非常大的应用潜力。另外，电凝聚技术也被用于经厌氧好氧处理后废水的脱色研究，Thakur等在间歇EC（电凝聚）反应器中进行了高色度废水的脱色研究，在废水pH值为6.75、电流密度146.75 A/m^2、凝聚时间130min的条件下，废水COD_{Cr}及色度去除率分别达61.6%和98.4%，凝聚产生的废渣可用作燃料，但此方法需消耗大量电能，经济性有待考察。

在燃料乙醇有机废水能源回收利用方面，现阶段处理技术一般仅限于厌氧阶段降解有机物回收沼气，一些研究者探讨了其他形式的能源回收途径。催化热分解反应被用于处理糖蜜酒精废水，反应在100～140℃及CuO的催化下进行，去除废水COD_{Cr}的同时可回收大部分能源，反应后部分有机物转化为不溶物沉淀析出，废水COD_{Cr}去除率可达60%，反应后产生的固体沉淀物碳氢比为1：1.08，发热量为21.77MJ/kg，可加工作为燃料。氢作为非常有潜力的一种清洁能源，可通过生物质厌氧发酵制取，燃料乙醇发酵废水可作为廉价的培养基通过微生物降解制取氢气。Guo等在EGSB（颗粒污泥膨胀床）反应器中进行了混合菌群降解糖蜜酒精废水产氢的研究，反应器接种污泥为废水水解酸化预处理反应器中的活性污泥及城市污水管道淤积污泥的混合物，反应器温度控制在35℃，结果显示乙醇型发酵常常伴随着较高的产氢率，最高达3.16mmolH_2/gVSS（挥发性固体），反应器有机负荷也在运行60d后达到120kgCOD_{Cr}/（m^3·d），在处理废水的同时得到氢气作为副产品。对废水进行处理的同时利用其中的有机质回收能源是废水资源化的研究方向，但经此过程处理后出水COD_{Cr}等指标仍较高，需经进一步处理才能达标排放。

甘蔗燃料乙醇产业在巴西、印度、我国南部及其他一些发展中国家还有很大的发展空间，对其生产废弃物的处理及资源化利用的研究可提高原料利用效率，提升产业环境友好性和经济性，将研究成果进行规模化、产业化实施是现阶段亟待解决的问题。

3.1.3 木质纤维素类废弃物发酵生产乙醇

利用木质纤维素原料生物转化酒精主要有两种途径：分步水解和发酵（SHF）和同时糖化和发酵（SSF）。

1. 分步水解和发酵（SHF）

分步水解和发酵即纤维素酶法水解与乙醇发酵分步进行，这种方法最大的优点就是各步都可以在各自的最适温度下进行，45～50℃酶解，30～35℃乙醇发酵。而其最大也是致命的缺点是在酶解过程中释放出来的糖会反馈抑制酶的活性，因此纤维素的浓度无法提高，相应地提高酶用量才能得到一定的乙醇产量。

2. 同时糖化和发酵（SSF）

同时糖化和发酵即纤维素酶解与葡萄糖的乙醇发酵在同一个反应器中进行，酶解过程中产生的葡萄糖被微生物所迅速利用，解除了葡萄糖对纤维素酶的反馈抑制作用，提高了酶解效率，SSF是目前典型的木质纤维素生产乙醇的方法，国内外的中间试验基本都采用的此法。一方面工厂大罐发酵生产纤维素酶，另一方面将原材料进行预处理后加入纤维素酶和酵母菌株进行同时糖化发酵，不水解的木质素和纤维素残渣分离开来燃烧提供能量，乙醇则通过传统蒸馏工艺回收。

这种方法相应地要求纤维素酶生产成本和周期的降低，能同时发酵五碳糖和六碳糖的转基因酵母，优化的预处理手段以及连续工艺的开发和使用。在经济和技术可行性确定之前，示范性工厂的长期运行是必然的。

SSF工艺的主要问题是水解和发酵所需的最佳温度不能匹配，45～50℃酶解，30～35℃乙醇发酵。SSF常在35～38℃下操作，这一折中处理使酶的活性和发酵的效率都不能达到最大，Zbangwen等设计了非等温的SSF工艺（NSSF），它包含一个水解塔和一个发酵罐，不含酵母细胞的流体在两者之间循环。该设计使水解和发酵可在各自最佳的温度下进行，也可消除水解产物对酶水解的抑制作用，但显然也使流程复杂化了。

目前美国国家可再生能源实验室（NREL）还在进行同时糖化和共发酵工艺（SSCF）的研究，即把葡萄糖和木糖的发酵液放在一起，用于发酵的微生物即转基因的运动发酵单孢菌，与单纯用葡萄糖发酵菌和单纯利用五碳糖发酵菌相比，乙醇的产量分别提高30%～38%和10%～30%。

木质纤维素的酶水解和同步糖化发酵过程是多相、多酶催化过程，在SSF过程中还同时存在微生物的生长。对于这样复杂的体系，在生物反应器和生物反应动力学方面的研究还十分缺乏。研究开发适合该体系的高效生物反应器和建立描述反应动力学的数学模型对提高效率、掌握过程的机理及指导过程放大都将有重要的意义。

3.1.4 淀粉类废弃物发酵生产乙醇

人类使用淀粉基原料生产乙醇已有几千年的历史，原料包括玉米、小麦、水稻等，主要利用原料中富含的淀粉类物质水解发酵产乙醇。玉米是目前燃料乙醇工业化生产中使用最多的淀粉基原料，以玉米为代表的乙醇生产工艺及废弃物资源化利用工艺发展相对比较成熟。

美国是玉米燃料乙醇产业发展最成熟的国家。美国玉米产量占世界玉米总产量的40%以上，用玉米生产燃料乙醇占全美燃料乙醇生产总量的90%左右。2008年初，美国有134个燃料乙醇生产厂，年产燃料乙醇达272.5亿L，而且还有77个生产厂在建，建成后将具有超过年产500亿L玉米燃料乙醇的生产能力。其生产工艺主要分为干磨和湿磨两种，过程主要包括玉米原料预处理、液化、糖化、发酵、乙醇蒸馏及精制，产生的废弃物主要为发酵液蒸馏乙醇后的酒精糟。

燃料乙醇联产DDGS/DDG（Distillers Dried Grains and Solubles/Distillers Dried Grains，酒糟蛋白饲料）是玉米燃料乙醇生产废弃物利用的代表工艺。蒸馏乙醇后的酒精糟不仅保留了原料玉米中的营养成分，同时增加了酵母菌体细胞的成分，营养物质丰富，经加工后是优良的牲畜饲料。DDGS工艺需对固液分离后的清液进行浓缩，浓缩液再与滤渣混合干燥获得饲料，过程中废水产生量很少，易于处理，是玉米乙醇生产行业的发展方向，该工艺干燥浓缩过程中热量消耗较大，适于大型企业生产；DDG工艺仅需对固液分离后的滤渣进行干燥，投资运行费用较低。一些中小企业多采用DDG工艺，固液分离产生的清液是主要的废水来源，属无毒害高浓度有机废水，易生物降解，一般经厌氧好氧生物处理即可达标排放。在利用小麦等富含淀粉原料生产燃料乙醇过程中所产生的酒精糟，其利用途径与玉米酒糟蛋白生产工艺类似。

玉米酒糟生产饲料附加值较低，除用作牲畜饲料外，其他工业用途有待进一步开发。研究者对酒糟蛋白饲料的组成及性质进行了分析，探讨其深加工利用价值，玉米酒糟饲料主要含有以下几种成分：蛋白质（26.8%～33.7%），油脂类（3.5%～12.8%），碳水化合物（39.2%～61.9%），纤维素类（24.2%～39.8%）。随着对玉米酒糟性质了解的深入及加工技术的革新，如何利用其加工高附加值产品是此行业的一个发展趋势。

玉米蛋白可用来生产蛋白纤维、膜材料和黏合剂等，一般通过湿磨法从玉米籽粒中提取，原料成本较高，玉米酒糟蛋白饲料是较廉价的原料来源。Xu等对如何利用DDGS提取蛋白和纤维作了一系列研究，开发了酸性条件下有还原剂存在时从DDGS中提取玉米蛋白的方法，得到蛋白质含量超过90%的玉米蛋白产品，性质与市售湿磨法产品相仿，收率达44%，还得到作为副产品的玉米油；同时使用碱和酶分别从DDGS和玉米籽粒中提取纤维素，检测发现提取自DDGS的纤维素与玉米籽粒纤维素结晶度相似，但聚合度更高，可用来生产纤维膜、吸收剂、营养添加剂或造纸。

玉米胚芽中含有一定量的玉米油，一般经提取精制作为优质食用油，干磨燃料乙醇生产工艺中由于不进行胚芽分离，产生的DDGS中玉米油含量较高，是一种来源丰富的有潜力的生物柴油生产原料。Noureddini等开发了利用玉米酒糟中的玉米油生产生物柴油的工艺，首先使用正己烷从酒糟中提取玉米油，提取的玉米油含有质量分数为6%～8%的游离脂肪酸，然后对其进行酸催化使游离脂肪酸酯化，产物经阴离子交换树脂除去残余的酸性催化剂和脂肪酸，再经碱催化酯交换反应得到生物柴油，收率达到98%以上。此方法工艺路线较长，工业化价值有待进一步研究验证。Bi等研究了如何利用玉米油生产低凝固点生物柴油，玉米油本身不饱和脂肪酸含量较高，再通过尿素络合物进一步降低生物柴油中饱和脂肪酸甲酯含量，可制取凝固点介于－52～45℃的符合欧洲标准（EN14214）的生物柴油。

玉米燃料乙醇生产过程排出的废水一般通过活性污泥法生物降解大部分有机物后排放，其中厌氧阶段可产生沼气作为燃料。由于此种废水有机物含量高，营养物质较丰富，且一般不含对微生物有毒害作用的物质，可考虑用做廉价的培养基。传统方法真菌菌体是在无菌条件下以淀粉或糖浆作为培养基生产的，培养基成本较高，有机废水可用做培养真菌的替代培养基，同时去除废水部分COD_{Cr}。有研究者在连续生物膜反应器内采用Rhizopus microsporus（小孢根霉）在处理玉米燃料乙醇废水同时生产真菌菌体，考察了操作条件如pH值、HRT（水力停留时间）等对菌体生长和COD_{Cr}去除率的影响，在进水pH值为4.0及HRT为5.0h时，废水COD_{Cr}去除率达80%，菌体产率达0.44g/g挥发性固体，充分利用了废水中的营养物质，且在此操作条件下，细菌的生长受到抑制，真菌菌体蛋白含量超过40%，可作为牲畜饲料或用来生产其他产品，但由于此过程不是在无菌条件下进行，如何在大规模工业化中控制操作条件抑制其他细菌生长从而实现真菌的纯培养问题有待解决。而且工业出水COD_{Cr}浓度仍较高，需经进一步厌氧或好氧处理。

淀粉类原料燃料乙醇产业发展比较成熟，产业链也比较完整，随着此类原料构成成分和价值属性科学认识的提高及加工技术的进步，燃料乙醇副产品从单纯的饲料用途趋向于综合化开发利用，从而进一步提高产业效益，充分利用资源。

3.2 有机废弃物衍生燃料

垃圾问题正日益为世界各国所重视，垃圾焚烧技术能很好地达到垃圾减容、减量的目的，并可将其产生的能量用于发电。因此，垃圾焚烧技术在工业发达国家得到研究及应用。但是垃圾在焚烧处理过程中存在着易腐败、恶臭及难以运输、贮藏等问题。且由于垃圾中常含有聚氯乙烯塑料和食盐以及其他含氯化合物，在垃圾高温受热时产生具有腐蚀性的氯化氢气体，氯化氢不仅排放到大气中可形成酸雨，而且在炉内可腐蚀金属设备，导致发电效率只有10%～15%左右，并且垃圾焚烧后排出的灰渣通常含有有害金属如汞、铅等，若处理不当，将会造成环境的二次污染。由于上述问题，导致垃圾能变为电能的投资及运行成本相对较高，相关技术发展缓慢。因此，垃圾衍生燃料（RDF）的诞生，无疑为垃圾能源化带来了生机，成为垃圾利用领域新的生长点。

有机废弃物衍生燃料系为有机废弃物经不同处理程序制成的燃料。其中的固态废弃物衍生燃料则是将废弃物经破碎、分选、干燥、混合添加剂及成型等处理过程，制成固态成型燃料。其主要特性为大小、热值均匀（约为标煤热值的2/3）、易于运输及储存，在常温下可储存6～12个月而不会腐败，因此十分便于利用。可将其直接应用于机械床式的锅炉、流体化床锅炉及发电锅炉等，作为主要燃料或与燃煤混烧。本节主要讨论有机废弃物衍生燃料的性能、制备技术及用途。

3.2.1 有机废弃物的成分分析与衍生燃料性能

垃圾衍生固体燃料RDF（Refuse Derived Fuel）是垃圾经过分选、粉碎、干燥、成型造粒等过程制成的新型固体燃料，它具有易于运输、尺寸大小均匀、组成相对固定均一，有利于控制污染物的排放、热值高、加入添加剂可以进行炉内脱氯并可防腐进行长期存放等特点，是垃圾清洁处理和能源化利用的新技术。

由于近年来垃圾和污泥的资源化越来越受到重视，垃圾和污泥本身都带有一定热值，可以将其燃烧释放的热能进行回收利用。国内外研究重点为资源化利用，即把垃圾进行固体燃料化，加工成热值更高、更稳定的成型固体燃料，实现固体废弃物的资源化处理与处置。

1. RDF 的分类

目前 RDF 的分类基本上是按照美国 ASTM 对 RDF 所做的分类定义，分类标准见表 3-1。各个国家研究的 RDF 具体内容是不同的：美国一般研究的是 RDF-3 以上的物质，欧洲等国则以 RDF-5 为主要研究对象，日本国内通常所说的 RDF 即指 RDF-5。

RDF 的分类（美国 ASTM） **表 3-1**

分类	内容	备注
RDF-1	将大件垃圾分拣去除了的垃圾	—
RDF-2	—	RDF（f-RDF）
RDF-3	粗垃圾破碎，去除金属、玻璃和无机物，过 50mm 筛，成分为 95%的块状垃圾	—
RDF-4	通过 2mm 的筛子筛分后，成分为 95%的粉状垃圾	RDF，Dust-RDF
RDF-5	通过破碎和分拣，并将垃圾干燥压缩成圆柱状	RDF，d-RDF
RDF-6	加工成液体燃料	—
RDF-7	加工成气体燃料	—

2. 垃圾固体燃料（RDF）的性质

根据地区、生活习惯、经济发展水平的不同，制成的 RDF 的性质也不同，其中常见的 RDF 基本性质见表 3-2。

RDF 的基本性质 **表 3-2**

种类	元素分析（质量）%							工业分析（质量）%			
	C	N	H	O	S	Cl	灰	M	FC	V	A
RDF（a）	45.9	1.1	6.8	33.7	无	痕量	12.3	1.0	9.9	77.8	12.3
RDF（b）	48.3	0.6	7.6	31.6	0.1	0.2	11.6	4.5	15.0	73.4	11.6
RDF（c）	40.8	0.9	6.7	38.9	0.6	0.7	11.4	15.5	20.6	68.1	11.4
RDF（d）	42.2	0.8	6.1	39.9	0.1	0.5	10.4	4.0	13.1	76.4	10.4

注：M 表示水分；FC 表示固态碳；V 表示挥发性物质；A 表示灰分。

3. RDF 的特性

（1）防腐性。RDF 的水分 10%，制造过程中加入一些钙化合物添加剂，具有较好的防腐性，在室内保管 1 年无问题，而且不会因吸湿而粉碎。

（2）燃烧性。热值高，发热量在 14600～21000kJ/kg，且形状一致而均匀，有利于稳定燃烧和提高效率。可单独燃烧，也可和煤、木屑等混合燃烧。其燃烧和发电效率均高于垃圾发电站。

（3）环保特性。由于含氯塑料只占其中一部分，加上石灰，可在炉内进行脱氯，抑止氯化物气体的产生，烟气和二噁英等污染物的排放量少，而且在炉内脱氯后形成氯化钙，有益于排灰固化处理。

（4）运营性。RDF 可不受场地和规模的限制而生产，生产方便。一般按 500kg 袋装，卡车运输即可，管理方便。适于小城市分散制造后集中于一定规模的发电站使用，有利于提高发电效率和进行二噁英等治理。

（5）利用性。作为燃料使用时虽不如油、气方便但和低质煤类似。另外据报道，在日本川野田水泥厂用 RDF 作为水泥回转窑燃料时，其较多的灰分也变成有用原料，并开始在其他水泥厂推广。

（6）残渣特性。RDF 制造过程产生的不燃物约占 1%～8%，适当处理即可；燃后残渣约占 8%～25%，比焚烧炉灰少，且干净，含钙量高，易利用，对减少填埋场有利。

（7）维修管理特性。RDF 生产装置无高温部，寿命长，维修管理方便，开停方便，利于处理废塑料。而焚烧炉寿命为 15～20 年，定检停工 2～4 周，管理严格，处理废塑料不便，不宜作填埋处理。

3.2.2 有机废弃物衍生燃料的制备技术

城市垃圾及产业废弃物的衍生燃料已成为垃圾和废弃物处理的焦点，各国尤其是发达国家都对此进行了详细的研究开发。美国是世界上利用 RDF 发电最早的国家，已有 RDF 发电站 37 处，占垃圾发电站的 21.6%。近年来日本也兴起了建设 RDF 的热潮，日本 NKK、川崎重工、神户制钢等公司展开了 RDF 资源化利用的相关研究，日本政府极其重视 RDF 利用技术，把它作为国家推广的垃圾处理方式和方向。在日本，设备厂家在进行产品开发的同时，实施有关 RDF 的调查和研究开发计划，各地都在计划建设 RDF 生产、利用设备，如川崎重工业公司、新明和工业公司、神户制钢所、田熊公司、住友金属公司等许多厂家都进行了 RDF 的研制开发。

近年来我国城市生活垃圾中有机可燃组分比例不断增加，垃圾（或经简单处理后的垃圾）的低位发热量基本满足了不添加外来燃料能自行维持燃烧的要求，如深圳市垃圾低位发热量据检测最高可达 7200kJ/kg，北京、上海、广州以及沿海一些大中城市垃圾热值已高于 4500kJ/kg，内地一些中等城市垃圾热值也在 4000kJ/kg 以上，一些小城市的垃圾经筛选等简单预处理后热值也可达到 4000kJ/kg。我国大多数城市土地资源相对缺乏，迫切需求一种减容减量程度高、无害化、效果好的垃圾处理技术。RDF 的资源化利用，充分利用了垃圾中蕴藏的大量能源，用于发电或提供生产、生活用能，既解决了垃圾围城、环境污染问题，又节约了能源，形成资源和生态的良性循环，是我国城市固体废弃物资源化利用的适用技术。

RDF 技术必须针对各国的具体特点。我国垃圾中可燃的有机成分含量虽然呈逐年上升趋势，但普遍比发达国家少，无机不可燃成分特别是灰土砖石成分比发达国家多。鉴于垃圾成分的这个特点，并考虑到 RDF 制备过程的成本，我国在生产 RDF 时可以考虑将垃圾与粉煤适当混合以提高热值，成型可参照工业上已经很成熟的型煤加工工艺。此外，我国垃圾中金属含量非常低，并考虑到经济成本，所以在 RDF 加工过程中可省去电选和磁选。垃圾经过分选、干燥、破碎、成型，最后的 RDF 成品为椭球形颗粒。如果产品进行焚烧处理还需在成型前混入 CaO 或 Ca（OH）$_2$添加剂，降低焚烧过程的污染。我国 RDF 生产工艺流程见图 3-2。

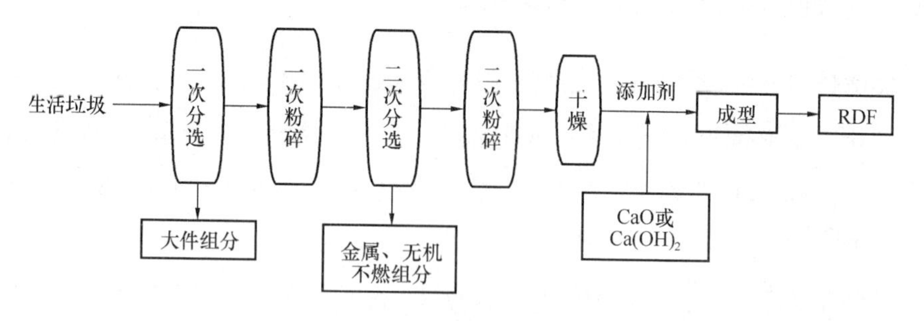

图 3-2　我国 RDF 生产工艺流程示意图

3.2.3 有机废弃物衍生燃料的应用途径与发展前景

RDF可作为供热养护、发电锅炉、水泥窑炉的燃料，燃烧后的灰渣可作为制造水泥的有效成分，不需填埋，为垃圾的资源化处理拓宽了道路，符合环保发展趋势。RDF在德国应用于水泥厂作为燃料，灰烬作为水泥原料。一举两得，在日本作供暖燃料和代替煤用于粉煤炉、块煤炉、循环床锅炉、循环发电系统及流化床锅炉；在美国有许多（超过100座）利用RDF的发电厂，有的原来烧煤的发电锅炉改为50%烧煤、50%烧RDF，则整厂系统不必改造。有的原来烧木屑的发电锅炉，也以RDF取代传统混烧垃圾焚化炉。

能源危机以来，美国、日本及欧洲部分国家均积极寻求替代能源，如生物能、太阳能、海水温差发电等。其投资规模均极庞大，成本亦高，技术还不很成熟。而垃圾焚烧新技术RDF已被国际许多大公司研发，并已有很好的成果。如：德国AGR公司；意大利的VinRoll，Ecologia；英国的Birwelco；日本的茬原；韩国的SunJin；美国的Epl燃烧工程，即使最大的B&W锅炉公司也以RDF代替燃烧生垃圾。吸引这么多的大公司对RDF进行研究，主要是其有着许多优点：

（1）无毒性。因为不论家庭垃圾或者工业垃圾，均排除有害成分、感染性成分，更无放射性成分在内。制成成品的RDF，也不会含有害成分。

（2）环保效益显著。垃圾直接焚化也可取得热值来发电，但是温度往往低于850℃，易生成二噁英。而RDF的燃烧温度高达1200～1400℃，不产生二噁英，而且不燃组分、水分已基本去除，所以，适合电厂锅炉使用，其灰烬也少于烧煤灰量。回收的电量高于直接焚化发电量的70%。

（3）焚烧快速而且完全。因为经过打碎，其比表面积大大增加，所以能极快地在炉内完全燃烧。

（4）制造过程中加石灰后，如同型煤，含硫量比煤低。因被石灰中和，所以HCl、NO_x、SO_x均可达标。RDF中因加入生石灰，含水量低，故不发酵，不发臭，便于运输、贮存和利用。

（5）经过分选、去除不可燃成分和水分，再打碎、压缩，所以产品品质趋于一致，热值稳定。

（6）灰烬可再利用。加热到1500℃，把残炭烧尽，同时玻璃化，成为可直接利用的建材代替品。或者利用固化方法，把灰烬做成消波块、鱼礁、路基或人行道砖等水泥产品。

（7）由于RDF安全、无毒，焚化回收热时，RDF中已含有石灰，因此若辅以适当的干式废气处理系统、半干式废气处理系统或湿式废气处理系统，废气均可达标排放。

基于以上的诸多优点，RDF具有广阔的发展前景，为垃圾能源化带来了新的生机，正成为垃圾利用的新的生长点。

各个国家发展RDF技术必须针对各个国家的具体特点，我国垃圾中可以燃烧的有机成分普遍比发达国家的少，中国垃圾无机不可燃成分特别是灰土砖石成分比发达国家的多。鉴于垃圾成分的这个特点，中国垃圾处理应该走综合治理这条路。如果考虑RDF制备过程的成本，中国RDF制备可以不像欧美和日本那样做到RDF-5，而RDF-3应该是比较合适的。垃圾经过分选、干燥、破碎、成型，最后的形状大部分为5cm左右的方形颗粒。在成型过程中可以根据情况加入煤和石灰石来增加热值和降低污染。对于RDF-3燃烧设备，可以考虑选择燃烧适应性强的循环流化床锅炉。

3.3　有机废弃物生产可生物降解塑料

自20世纪30年代，有机大分子学说的提出及美国杜邦公司成功地合成尼龙66至今，合成高分子材料（合成塑料）的研究得到了长足的发展，而石化工业的兴起，更为塑料工业化生产提供了物质基础。由于塑料具有质轻、耐磨、耐腐蚀、绝缘性好等性能，被广泛应用于我们的日常生活和化工、电子、机械、汽车制造、航空、建筑、交通等各工业领域。从工业、农业到建筑业，都可以看到塑料的影子，它与钢铁、木材及水泥并称为材料领域的四大支柱，而在体积上其早已成为用量最大的材料品种。在某种意义上，塑料工业的发展水平已经成为衡量一个国家工业化发展水平的重要标准。随着社会的不断向前发展，人们生活水平的日益提高，对塑料的需求及使用量也将会越来越大。

然而，随着塑料的普及，与日俱增的塑料废物逐渐成为影响人们赖以生存的自然环境的一大负面因素。它所带来的问题也越来越显著，传统合成高分子材料主要来自于石油化工产品，由于这些合成塑料通常具有良好的耐腐蚀性、抗氧化性、难降解性，在自然环境中降解速度慢，滞留在自然环境中的时间长，有些无法被再利用的废弃塑料（塑料袋、塑料膜、塑料饭盒等）难以被分解回归自然，造成了废弃塑料的堆积，这就是我们常说的“白色污染”。中国人均塑料使用量仅13.12kg，而美、德等发达国家人均塑料使用量超过100kg，但这些国家对废弃塑料回收的法规较为健全，大部分废弃塑料被焚烧或深埋。在中国，废旧塑料大多由城区运到郊区露天堆置或浅埋，故那些质量较轻的塑料就随风而去，“群膜”乱舞。一些残留的农用塑料地膜很大程度上降低了耕地质量，致使农作物植株矮小，抗病力差，严重影响农业的发展，而残膜的四处飘散又会影响周围环境及畜牧业、养殖业的发展。另外，由于生产工艺上的要求，传统合成塑料产量的增加也将加速对环境不可再生资源的损耗，成为实现社会可持续性发展的一大障碍。

要实现合成高分子材料“绿色化”，即从生产到应用都不会对环境产生负面影响，就要求制造的原料具有可再生性，以减少或避免对环境不可再生资源尤其是石油资源的依赖，同时，制造过程中应避免产生污染，材料使用要保证安全可靠，合成塑料的废物应可回收利用或自然降解。故合成开发基于可再生资源的可降解型塑料成为合成塑料领域的研究热点。

现阶段，可降解塑料通常不仅具有可生物降解性，有些也具有可光降解性，成为光生物复合降解型塑料，通过将光降解特性与生物降解性的有机结合以克服某些填充型降解塑料的不能完全降解的缺点，此方面的研究也成为当前世界降解塑料的主要开发方向之一。

目前，对于可生物降解型塑料主要有四种生产方法：微生物发酵法、化学合成法、合成塑料改性法及源自天然法。本节将以聚酯类化合物中研究较多的PHAs与PLA为例、重点介绍微生物发酵法。

3.3.1 聚 *β*-羟基烷酸（PHAs）生物合成基础知识

1. PHAs的结构与性质

在众多的可生物降解材料中，聚 *β*-羟基烷酸（polyhydroxyalkanoates，PHAs）因其在微生物体系中较为普遍的存在，同时具有极佳环保特性而成为应用环境生物学方面研究的热点。

早在20世纪初，就已在生物体内发现聚β-羟基丁酸（polyhydroxybutyrate，PHB）的存在，而在20世纪70年代，随着石油危机和环保运动的兴起，PHAs开始得到重视。随着研究的深入，发现PHAs类高聚物是微生物的能量贮藏物质，当生物生存的环境中碳源很丰富时，其可以被合成出来，而在需要时又可以被分解，在生态环境中会被完全分解为二氧化碳和水，对环境不会造成丝毫的污染，并且还具有与通用高分子同样的热塑性，成为塑料的一个理想来源，可作为优质的环境协调型材料。PHAs的通式可表示为：

$$\left[\begin{array}{c} \text{O}-\underset{\displaystyle \text{R}}{\underset{|}{\text{CH}_2}}-\text{CH}_2-\overset{\displaystyle \text{O}}{\overset{\|}{\text{C}}} \end{array} \right]_n$$

其中，当R为甲基时，则称为PHB；当R为乙基时，则称为PHV（polydroxy-valerate）。PHAs可以是同一种羟基烷酸的均聚物，也可以是不同羟基烷酸的共聚物，它以可再生的生物资源为原料，在PHAs族中，研究和应用最为广泛的多聚体是PHB和PHBV［poly-（hydroxybutyrate-co-hydroxyvalerate）］，前者为聚β-羟基丁酸均聚物，而后者则为聚β-羟基丁酸和聚β-羟基戊酸的共聚物。PHAs分子链中手性中心碳原子只有R构型，使得PHAs具有光学活性，具有普通高分子化合物质轻弹性、可塑性、耐磨性等基本特性，而其生物降解性和生物相容性使之成为同类用途的石化合成塑料最有潜力的替代品，以避免或减少塑料废物对环境的污染。在日常生活的各个领域尤其是生物医学领域有着广阔的应用前景。

2. PHAs的生物合成

PHAs类聚合物的合成，通常是或者有微生物的直接参与，或者是某些微生物的基因在起作用，故可以认为PHAs的合成是生物合成，同时选择具有代表性的PHB与PHBV作为讨论的主要内容。

（1）合成PHAs的主要微生物

研究表明，自然界中分布着许多可以直接产生PHAs的微生物，至少在50个细菌属的原生质内的分散颗粒中发现了此类聚合物的存在，这些细菌包括好氧异养型细菌和厌氧异养型细菌，也包含许多甲基营养型生物、好氧的光营养生物和厌氧的光营养生物及奥氏着色菌和古细菌（如地中海富盐菌属）等。目前研究较多的用于合成 PHAs 的微生物有：产碱杆菌属（Alcaligenes）、假单胞菌属（Pseudonomas）、甲基营养菌（Methylotrophs）、固氮菌属（Azotobacter）和红螺菌属（Rhodospirillum）等。

相比较而言，对真养产碱杆菌合成 PHAs 的研究较多，最初，此种菌被用于去除 PHB，生产单细胞蛋白，后来才被用于 PHAs 的生物合成与积累的研究。真养产碱杆菌是一种革兰试验显阴性的兼性化能自养细菌，它可以在一定条件下积累 PHB，积累量可占细胞干重的 90%以上。而且也可以用来合成 PHBV，最新的研究表明，通过改变基质，该菌种可以实现将 4HH 与 5HV 加入到 3HB 结构中，从而形成 4HB 或 5HV 与 3HB 的共聚物。

假单胞菌可用烷烃作为碳源来合成 PHAs，较为鲜明的例子是食油假单胞菌能利用辛烷合成含少量羟基乙酸的聚羟基辛酸；利用中等链长的单烷醇或烷酸可产生不同链长的羟基烷酸的二元或三元共聚物；利用烯烃作碳源合成布包和羟基酸为单体的聚合物；利用 5-甲基辛酸、6-甲基辛酸和 7-甲基辛酸作辅基质产生含支链的 3-羧基烷酸聚合物。

甲基营养菌（无论是通过核酮糖单磷酸还是通过丝胺酸同化碳而得到）可利用相对价廉的甲烷与甲醇合成并积累 PHB。在固氮菌方面，利用糖蜜等非纯净碳源而产生 PHAs 的代表是棕色固氮菌，而利用糖蜜产生 PHB 最有效的则是肥大产碱杆菌。在红螺菌属中，深红红螺菌可利用 4-戊烯酸为碳源来生成 PHAs。

除了上述的几大菌属外，20 世纪 90 年代以来，还发现分类上属于红球菌属、诺卡菌属和棒杆菌属中的一些菌能利用葡萄糖或其他单一碳源生成含 HB 与 HV 的 PHAs。例如，红球菌 NCIMB40126 可利用葡萄糖在细胞内形成 HB 与 HV 物质的量的分数比为 24/76 的 PHAs；极端嗜盐菌可利用淀粉为唯一碳源产生 HV 含量介于 7.5%～17.7%之间的 PHBV；最近有研究人员观察到，真养产碱杆菌 H16 的异亮氨酸缺陷型突变株 R8 能从单一的无关联碳源（如果糖或葡萄糖等）中产生 PHBV。

随着分子遗传学及基因工程学科的迅速发展，可以采用通过向原本并不能产生 PHAs 的微生物或者在一些植物中植入 PHB 合成基因以及进行基因重组的方法，使其具有 PHAs 的合成能力。目前，典型代表为大肠杆菌基因工程菌及相应的基因工程植物。

（2）PHB与PHBV的生物合成

对于PHB的合成，目前的主要合成方式有三种：直接作为细菌的能量物质；有些细菌在碳源丰富而缺乏某种营养成分如氮、磷、钾、镁、氧、硫等时会自发地积累PHB；有些细菌在不需限制某种营养成分条件下就会积累PHB。

在不同的微生物体内PHB的合成积累途径一般情况如下：从乙酰辅酶A代谢中心途径开始分支，分别利用3-酮硫解酶、NADPH依赖的乙酰辅酶A还原酶和聚3-羟基烷酸聚合酶为生物催化剂实现PHB在微生物体内的合成积累，如图3-3所示。

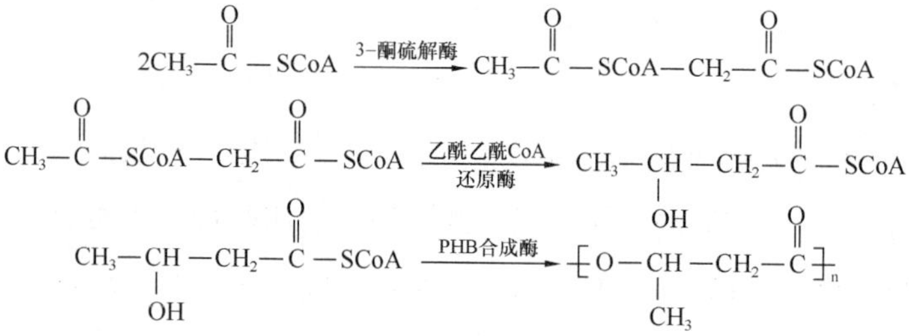

$$2CH_3-\overset{O}{\overset{\|}{C}}-SCoA \xrightarrow{\text{3-酮硫解酶}} CH_3-\overset{O}{\overset{\|}{C}}-SCoA-CH_2-\overset{O}{\overset{\|}{C}}-SCoA$$

$$CH_3-\overset{O}{\overset{\|}{C}}-SCoA-CH_2-\overset{O}{\overset{\|}{C}}-SCoA \xrightarrow[\text{还原酶}]{\text{乙酰乙酰CoA}} CH_3-\underset{OH}{\underset{|}{CH}}-CH_2-\overset{O}{\overset{\|}{C}}-SCoA$$

$$CH_3-\underset{OH}{\underset{|}{CH}}-CH_2-\overset{O}{\overset{\|}{C}}-SCoA \xrightarrow{\text{PHB合成酶}} \left[O-\underset{CH_3}{\underset{|}{CH}}-CH_2-\overset{O}{\overset{\|}{C}}\right]_n$$

图3-3　PHB的生物合成积累途径

在20世纪20年代，PHB从巨大的芽孢杆菌中分离出来并得到鉴定，到20世纪50年代末，科学工作者就生长条件对PHB代谢的影响做了一定的研究，发现PHB生长量随着生长培养基中碳氮比的增加而增加，即PHB的积累是在某种营养成分受到限制、生长条件不平衡的情况下发生的。

不过，单一的PHB均聚物通常脆性较强，且在熔点温度以上约10℃就会分解，造成塑料加工上的困难。然而，与PHB均聚物相比，PHBV共聚物具有较为优良的性质，表现出较强的在某些方面替代PHB的趋势。

对于PHBV的合成，研究发现在多数情况下，微生物是通过向糖中加丙酸或戊酸来产生PHBV的，并且可以通过改变两者的配比来控制共聚物中HB与HV的比例，通过控制加入的丙酸或戊酸的量，共聚物中随机分布的HV单位在共聚物中能占有可以预测的比例。如利用真养产碱杆菌合成PHBV的过程中，需要两种底物为生长碳源——葡萄糖和丙酸（或葡萄糖）与戊酸来合成PHBV聚合物，其他微生物在单一基质上生长可以合成HB与HV不同比例的共聚物。

以赤红球菌为例，此种微生物可以利用苹果酸、乙酸、丙酮酸、葡萄糖、乳酸及琥珀酸等为基质底物来合成 PHBV，共聚物中 HV 的含量为 57%（在苹果酸中生长所得）～99%（由赤红球菌在戊酸中生长所获得）。

此外，在自然界中还存在一种微生物共代谢现象，当这些细菌代谢供其生长的碳氢化合物时，它们能吸收、整合并氧化那些虽单独出现但不能被其利用的碳氢化合物。此方面的一个例证为食油假单胞菌的聚 3-羟基烷酸代谢，当其生长在碳氢化合物基质中，这些碳氢化合物能充当形成聚 3-羟基烷酸的单体，食油假单胞菌能将这些不能产生聚合物或不能供其生长利用的基质整合到聚合体中，利用自然界中不存在的化合物形成聚酯。

目前，在 PHAs 的实际生产合成方面，有人曾利用石油化工厂的活性污泥生产 PHB，其含量占污泥干重的 24%。韩国 Kim BS 等用含有 A. eutrophus H16 菌株中三个 PHB 合成酶基因的重组大肠杆菌在控制 pH 值的条件下进行补料培养，细胞干重 117g/L，PHB 浓度达 89g/L，生产力 2.11g/(L·h)。后来，他们又经优化试验，使细胞干重上升到 164g/L，PHB 浓度达到 121g/L，生产力为 2.42g/(L·h)。同时报道以葡萄糖和丙酸为底物发酵 46h，细胞干重 158g/L，PHBV 浓度 117g/L，生产力为 2.55g/(L·h)。Chua 等研究了通过控制序批式反应器(SBR)系统中碳氮比来诱导活性污泥生产 PHAs，增加碳氮比，PHAs 产量提高，而污泥菌的生长速率下降，当碳氮比为 96 时，PHAs 的产率最高，可达到 37.4%，而对有机物的去除效率仍达 98%。Lemos 等则研究了不同碳源对 SBR 系统形成 PHAs 的影响，发现当使用乙酸作底物时，形成的 PHBV 中 HB 占优势；丙酸作底物时，主要成分为 HV；丁酸为底物时，HV 比 HB 略高。而当三者混合发酵时，首先消耗丙酸，产物中 HV 占优势。Yamane T. 等报道通过对高密度分批培养肥大产碱杆菌(Alcaligenes latus)增加接种量，减少发酵时间，细胞干重可达 142g/L，PHB 浓度为 68.4g/L，生产力为 3.97g/(L·h)，同时还报道利用 Paracoccus denituificans，用乙醇作为底物合成 PHB，用戊醇为底物合成 PHV，而以丙醇为底物则合成 PHBV，发酵培养 24h，细胞干重在 6.5～9.4g/L 之间，PHAs 含量为 20%左右。Hu 等的研究表明使用丁酸作碳源时，产物为 PHB；加入戊酸，形成 PHBV，当戊酸作为唯一碳源时，其 PHV 的含量最高可达 54%，其最高产量可达 40%。山西大学生物技术研究所利用实验室选育的优良菌株华癸根瘤菌 M02 和最佳培养基配方，采用高密度补料分批发酵的方式，细胞量可以达到 62.3g/L，产物 PHB 含量达到 45.2g/L。Satoh 等利用了一种称为“微需氧-好氧”的活性污泥法富集了有能力积累糖原或多聚磷酸盐的 PHAs 产少菌。利用驯化后的活性污泥发酵乙酸 30h，PHAs 含量可达到 MLSS 的 62%。

除了应用葡萄糖等纯净物为底物外，如果利用成分较为复杂的、价格更为低廉的原料（比如糖蜜）作为底物也能实现 PHAs 合成，将为规模化合成 PHAs 实现的可行性提供依据。而国内外在此方面的研究与实践也取得了一定的进展。奥地利生物技术有限公司使用肥大产碱杆菌以甜菜糖蜜为发酵底物，生产 PHB 已完成中试，在 20 世纪 90 年代初期实现了年产 PHB 20t；加拿大的 Page 利用固氮菌产 PHB 的工作已申请了专利；在国内，中国科学院微生物研究所的研究人员将肥大产碱杆菌经单菌落分离，筛选出一株可高效利用糖蜜来产生聚羟基丁酸的优良菌种 1018，应用一个 6L 的台式发酵罐利用甜菜糖蜜和甘蔗糖蜜来积累 PHB，经分批补加培养 54h 后，发酵液中细胞干重达 70～85g/L，PHB 含量占细胞干重的 60%～70%，生产能力也可达 1.0g/(L·h)，发酵液经非有机溶剂提取的 PHB 产品纯度达 95%。此外，华南热带农业大学以甘蔗糖蜜为原料，选择类产碱假单胞菌来合成 PHAs，优化发酵条件，取得 PHAs 的合成方面一些经验。

(3) PHAs 的发酵生产

虽然可以用于生物合成 PHAs 的微生物有许多，但可以实现工业化的微生物就目前而言并不是很多，需要考虑细胞利用廉价碳源的能力、生长速度、多聚物合成速率及能在细胞内最大积累多聚物的能力。而真养产碱杆菌则是目前为止对其动力学和代谢途径研究较为透彻的一类微生物，是目前唯一应用于工业生产多聚体的微生物。PHAs 可作为一种可完全降解塑料，其已经被公认为是传统塑料的较为理想的替代品之一。所以，有必要对其发酵产生的过程有较为清晰的认识。

由于真养产碱杆菌只有在某种营养成分如氮、磷或氧等缺乏而碳源过量的不平衡条件下才能大量积累 PHAs，因而在 PHAs 的发酵生产过程中，一般可将发酵过程分为两个阶段来进行控制：第一阶段为菌体细胞的形成过程；第二阶段为多聚体的形成阶段。当培养基中某种营养耗尽时，细胞进入 PHAs 形成阶段，在此阶段 PHAs 大量形成而菌体细胞基本上不繁殖。

在 PHAs 的生产中，根据操作条件的区别，通常采用的发酵方式有分批发酵法、连续发酵法和补料分批发酵三种类型。

在简单分批培养过程中，整个分批发酵系统是封闭的，微生物的增殖只能在一段时间内得到维持，微生物在限制性条件下的生长就表现出典型的生长周期，发酵过程包括微生物生长延滞期、加速生长期、指数生长期、减速期、稳定期和衰亡期。菌体的生长受到所用培养基中营养物质的初始浓度的限制，当菌体生长进行到一定程度时，菌体细胞的进一步繁殖又可能受到培养基中一种或几种营养物质的浓度的限制，而单纯增加该种营养成分的初始浓度并不能促进菌体生长量的相应增长，相反某些成分的浓度过高会对细胞产生毒害作用，有时还会形成沉淀，所以，单纯采用分批发酵法并不能得到很高的 PHAs 浓度与生产能力。

鉴于 PHAs 的诸多优点，如何将其进行工业化生产取代现阶段的非可降解塑料产品成为很现实的问题。目前而言，大规模实现 PHAs 的工业化生产还面临着许多问题，主要障碍在于生产成本问题，如何降低生产成本成为其推进工业化的关键技术。

影响 PHAs 生产成本的主要因素有菌种、原料和操作方式的选择及提取方法的选择。目前研究思路重点放在以下三个方面：首先，采用廉价基质提高最终产物对基质的产率系数，降低发酵原材料成本；其次，提高生产能力，改进发酵生产方式，降低操作成本；最后，改进提取、纯化技术，降低提取成本。

在降低原材料成本方面，存在合成微生物对廉价材料的适应性问题，目前应用较多的微生物是真养产碱杆菌与重组大肠杆菌，这两种微生物合成 PHB 的效率较高，但它们对底物的要求较高。目前以自然界中的某些有机废物如垃圾、市政污泥等为底物，应用微生物合成 PHAs 的可行性已经得到印证，这也为发酵生成 PHAs 提供了一个思路。

此外，通过将微生物中可用来合成积累 PHAs 的基因植入植物中，虽然目前 PHAs 在植物中的表达量还不高，也远远低于微生物发酵系统。但是由于植物系统可以对真核蛋白进行正确翻译后加工，形成活性分子而不需要复杂的发酵产物后加工过程，且自身底物丰富，不需要昂贵的发酵底物成本相对低廉，利用转基因植物来合成PHAs以生物降解塑料来代替化学合成塑料来根治“白色污染”有着极大的前景，潜力不容忽视，也必将成为今后发展的趋势。

3.3.2　乳酸聚合物的生产工艺、技术与应用

1. 乳酸的用途与乳酸发酵

(1) 乳酸的性质、用途与工业生产概况

乳酸，化学名为α-羟基丙酸，分子中有一个不对称碳原子，具有光学异构体L(+)、D(-)及外消旋体(DL)。由于分子中存在一个羟基和一个羧基($HOCHCH_3COOH$)，所以它可以通过缩聚反应被直接转化为低分子量的聚酯。乳酸易与水互溶，不容易析出结晶。乳酸含量达60%以上，已有很高的吸湿性，所以商品乳酸通常为60%溶液，药典级乳酸含量为85%～90%，食品级乳酸含量为80%以上。乳酸通常为无色或微黄色液体。

乳酸广泛存在于自然界中，是一种重要的有机酸，需求量仅次于柠檬酸。1780年瑞典化学家Scheele首次从酸乳中提炼出了乳酸；1881年美国首先采用发酵法工业化生产乳酸。目前世界上主要的乳酸生产商有荷兰的CCA、美国的A. E. Staley、Cargill、Ecochem、西班牙的ARASO以及日本的三井高压公司、岛津制作所等。

乳酸、乳酸盐及其衍生物广泛应用于食品、医药、化工（如涂料、溶剂、增塑剂、润滑剂等的合成）、皮革、纺织、电镀、媒染等工业领域。

人体仅能吸收L-乳酸（由于人体只含有L-乳酸脱氢酶），若过多服用D-乳酸或DL-乳酸，将导致血液中积累D-乳酸，引起代谢紊乱。因此世界卫生组织规定：D-乳酸的日摄入量每kg体重不得超过100mg。对于3个月以下的婴儿食品，不允许添加D-乳酸和DL-乳酸。当前，美国和西欧国家在软饮料生产用酸味剂方面，有L-乳酸取代柠檬酸的趋势。在啤酒生产中已禁止用磷酸调节麦芽汁的pH值而改用L-乳酸。此外低分子量的L-乳酸聚合物（2～10个分子）对植物具有刺激生长的作用。乳酸未来的最大市场将是聚乳酸（PLA）塑料制品的开发。乳酸聚合物属于最容易生物降解的热塑料材料——脂肪族聚酯类化合物的一种。聚乳酸以良好的可生物降解性、生物相容性及其他优良的使用特性（如透明度、透水性、高强度、耐热性等）而被公认为是取代传统塑料的理想材料，现

已商业性用作医学工程材料如接骨棒（钉）、免拆线的外科手术缝合线和药物缓释剂等。据日本估计，在若干年内聚乳酸的年需要量将达到300万t。

乳酸可由化学合成和生物发酵两种方法制取。化学合成法一般采用乙醛氢氰酸法，即由乙醛与氢氰酸反应生成乳腈，乳腈水解得到粗乳酸，粗乳酸与乙醇酯化得到乳酸酯，再分解成乳酸。由于合成法生产时可能混入致癌或不利健康的物质，所以发酵法生产乳酸受到了更广泛的关注。目前，全世界的乳酸年产量约为10万t，其中大约90%是用乳酸菌发酵生产的，其余10%的产量应用的是化学合成法。发酵法生产乳酸的优点在于通过选择适宜的菌种和发酵底物，并控制一定的发酵条件，可得到特定的旋光异构体，而化学合成法只能得到外消旋体。

(2) 乳酸菌与乳酸发酵

乳酸菌并非分类学上的名词，而是对一类能利用可发酵性糖产生大量乳酸的细菌的通称。目前在自然界中已发现的这类细菌在分类学上至少划分有23个属，包括：乳杆菌属、肉食杆菌属、双歧杆菌属、链球菌属、肠球菌属、乳球菌属、明串珠菌属、片球菌属、气球菌属、奇异菌属、漫游球菌属、利斯特菌属、芽孢乳杆菌属、芽孢杆菌属中的少数种、环丝菌属、丹毒丝菌属、孪生菌属、糖球菌属、四联球菌属、酒球菌属、乳球形菌属、营养缺陷菌属、魏斯菌属。

大多数乳酸菌都厌氧或兼性厌氧，接触酶阴性，不运动，具有高度的耐酸性，可以在pH值为5或更低的酸性环境中生存。由于它们合成氨基酸和维生素（尤其是维生素B_2）的能力差，所以其营养要求比较苛刻。这类细菌常常存在于营养丰富的环境中，如植物、牛奶、人和动物的体内。

除了某些种类（如利斯特菌属可引起人的脑膜炎、败血病等）具有致病性外，绝大多数乳酸菌被公认为是安全的（Generally Recognized as Safe, GRAS）。乳酸发酵食品具有悠久的历史，一些文明古国都有其独特的传统乳酸发酵食品，目前乳酸菌的主要应用领域仍然是食品和饲料工业。在发酵工业上，乳酸菌的用途主要是生产乳酸。虽然阿拉伯糖乳杆菌和干酪乳杆菌是产生维生素B_{12}较高的菌种，但其产量不及丙酸细菌和假单胞菌；短乳杆菌和发酵乳杆菌是葡萄糖异构酶的产生菌，但产量不及多种链霉菌，所以乳酸菌未用于工业化生产维生素和酶制剂。

由于不同乳酸菌菌体内酶系统的差异，其代谢糖类物质的途径分为三类，即同型乳酸发酵、异型乳酸发酵和双歧发酵途径。有些学者也把双歧发酵途径归入异型乳酸发酵的一种类型。

同型乳酸发酵是指葡萄糖经 EMP 途径降解为丙酮酸，丙酮酸在乳酸脱氢酶的催化下还原为乳酸。同型发酵途径中 1mol 葡萄糖产生 2mol 的乳酸和 2mol 的 ATP，乳酸的理论转化率可达 100%。同型乳酸发酵途径的总反应式为：

$$C_6H_{12}O_6+2(ADP+Pi)\rightarrow 2CH_3CHOHCOOH+2ATP \quad (3\text{-}1)$$

异型乳酸发酵的乳酸菌利用 HMP 途径分解葡萄糖为 5-磷酸核酮糖，再经差向异构酶作用变成 5-磷酸木酮糖，然后经磷酸酮糖裂解反应生成 3-磷酸甘油醛和乙酰磷酸，这个反应由磷酸解酮酶催化，它是异型乳酸发酵的关键酶。乙酰磷酸进一步还原为乙醇，同时放出磷酸。而 3-磷酸甘油醛经 EMP 途径后半部分转化为乳酸。此途径中 1mol 葡萄糖产生 1mol 的乳酸和 1mol 的 ATP，乳酸产量仅为同型发酵途径的一半。异型乳酸发酵途径的总反应式为：

$$C_6H_{12}O_6+ADP+Pi\rightarrow CH_3CHOHCOOH+CH_3CH_2OH+CO_2+ATP \quad (3\text{-}2)$$

双歧发酵途径是两歧双歧杆菌发酵葡萄糖产生乳酸的一条途径。此途径有两种磷酸解酮酶参加反应，即磷酸己糖解酮酶和磷酸戊糖解酮酶分别催化 6-磷酸果糖与 5-磷酸木酮糖裂解产生乙酰磷酸和 4-磷酸赤藓糖及 3-磷酸甘油醛和乙酰磷酸。此途径中 2mol 葡萄糖产生 2mol 乳酸和 3mol 乙酸，乳酸产量也只有同型发酵途径的一半。双歧发酵途径的总反应式为：

$$2C_6H_{12}O_6+5(ADP+Pi)\rightarrow 2CH_3CHOHCOOH+3CH_3COOH+5ATP \quad (3\text{-}3)$$

（3）发酵法生产乳酸的菌种

在乳酸菌代谢葡萄糖的三种发酵类型中，同型发酵的末端产物只有乳酸一种，理论上乳酸的转化率可达 100%；而另外两种发酵类型的乳酸转化率只有 50%。因此应选择同型乳酸发酵的菌种用于乳酸的生产。

性状优良的菌种是发酵工业的关键，对于乳酸发酵应选择营养要求简单、耐酸能力强的菌种。在工业生产上，以乳杆菌属的菌种应用最多。这是因为它具有生长速率快，乳酸产率高，耐酸能力强等优点。目前已有 56 个菌种的乳杆菌被描述，1986 年 Kandler 和 Weiss 提出以葡萄糖发酵类型将乳杆菌属内的菌种进一步划分为三个类群，即专性同型发酵群、兼性异型发酵群和专性异型发酵群。

其中前两个类群能和葡萄糖产生 85%以上的乳酸，区别在于专性同型发酵群的菌种不能发酵戊糖或葡萄糖酸盐，而兼性异型发酵群的菌种能发酵戊糖或葡萄糖酸盐。专性异型发酵群的菌种和葡萄糖产生等物质的量的乳酸、CO_2、乙酸和（或）乙醇。前两个类群中有些菌株具有工业生产价值，因为这些菌株以己糖为基质发酵，主要产物是乳酸。其中以专性同型发酵群中的德氏乳杆菌的发酵产率最高，因此应用也最多。此外，兼性异型发酵群的植物乳杆菌和干酪乳杆菌也是工业上常用的生产菌种。

近年来，日本、德国和我国等国家正开发嗜热脂肪芽孢杆菌和凝结芽孢杆菌等耐高温产 L-乳酸的菌种。

新分离的菌株一般不能直接用于生产，需要有一个选育过程。目前乳酸菌的生产菌种以采用自然筛选的为多，但也可根据代谢调节机理选择高产菌株，或采用细胞融合、基因工程等现代生物技术进行育种。

要筛选在商业上有竞争力的菌种，应从以下几个方面综合考虑：①能在含葡萄糖的培养基上生长；②能进行同型乳酸发酵，并要求产量高、易纯化；③能在高温（42～52℃）条件下发酵，以便减少杂菌污染；④能抗产物抑制，以便得到高浓度的产物；⑤耐高渗，以便能在高浓度的糖液中进行发酵；⑥不以乳酸为碳源。

（4）发酵生产乳酸的原料

虽然用纯糖物质发酵得到的乳酸产量最高，提取也相对容易，但用高价的糖生产低价格的乳酸在经济上是不合算的。目前，乳酸发酵生产所用的原料多为工农业副产品或粗制品，主要有糖蜜、乳清、淀粉质原料、亚硫酸盐纸浆废液、菊粉等。

1）糖蜜。发酵工业使用的糖蜜主要是指制糖工业的废糖蜜，即不能再用以煮制糖品的废糖蜜。根据来源的不同，糖蜜可分为甘蔗糖蜜、甜菜糖蜜、高级糖蜜（制备转化糖后的糖蜜）、粗糖蜜（粗糖精制后留下的糖蜜）和葡萄糖糖蜜（葡萄糖工业中，不能再结晶葡萄糖的母液），其中以甘蔗糖蜜和甜菜糖蜜的应用最多。

2）乳清。乳清是奶酪加工过程中产生的一种副产物，在欧美国家的产生量很大，如美国每年产生的液体乳清约为 25.85 万 t，超过一半的乳清要作为污染物处理。乳清约含93%水分、5%乳糖、0.9%蛋白质、0.6%矿物质和维生素、0.3%脂肪和0.2%乳酸。可以通过超滤的方法回收乳清中的营养物来作为动物的饲料添加剂，但由于乳清中的营养物组成较差，所以处理后作为饲料在经济上是否可行还存在争议。一个有前途的乳清利用方式是利用其中的乳糖来发酵生产乳酸。近年来，国外开展了很多关于乳清发酵生产乳酸的研究。适宜发酵乳清的乳酸菌有瑞士乳杆菌、植物乳杆菌等。

3）淀粉质原料。淀粉质原料是目前国内普遍采用的乳酸发酵原料，常用的有大米、玉米、薯干等，一般含淀粉70%左右，粗蛋白6%～8.5%（质量百分比）。我国北方地区多以玉米为原料，而南方地区多以大米为原料。淀粉质原料发酵生产乳酸主要采用两种工艺：一种方法是将淀粉质原料粉碎后加入淀粉酶，进行液化、糖化，然后接种乳酸菌进行发酵；另一种方法是将糖化酶和乳酸菌同时接入其中，糖化和发酵同时进行。

4）亚硫酸盐纸浆废液。亚硫酸盐纸浆废液是造纸工业的副产品，其中含有可发酵性糖为20%～35%，但戊糖占相当大的比例。若采用酵母发酵生产乙醇，则难以利用其中的戊糖。采用戊糖乳杆菌等能利用戊糖的乳酸菌进行乳酸发酵，可以更好地利用这种资源。由于亚硫酸盐纸浆废液中杂质含量较多，尤其是SO_2、亚硫酸根和木质素，在预处理中需要加以去除，特别是SO_2。常用的方法是蒸汽蒸发再配以沉淀除去。蒸汽蒸发是将纸浆废液泵入立式处理罐中，直接通入100kPa（表压）的蒸汽，罐压维持在50kPa左右，使游离SO_2被蒸发出去。经检测无SO_2馏出时，抽真空冷却到35℃。蒸发处理后，尚残留SO_2 0.3g/L，这是由于结合态SO_2不易被蒸发去除的缘故，因此需采用沉淀法去除。用石灰乳使pH值升至8.5，沉淀20～30min后过滤，然后通入CO_2使pH值恢复到中性以下，供发酵使用。

5）菊粉。菊粉是由野生植物菊芋制得。菊芋，植株也称为野向日葵，块茎称为菊芋，俗称洋姜。菊芋中含有的淀粉质物质——菊粉和果聚糖都易于水解成果糖。菊粉中的含氮物质中有98%是可溶性氮，其中60%为氨基酸，很适宜作乳酸菌的营养。菊粉水解液稀释后加少量K_2HPO_4和$(NH_4)_2SO_4$即可供乳酸菌发酵。

2. 利用有机废物发酵生产乳酸

（1）利用含淀粉、纤维素类废物生产乳酸

目前用于乳酸发酵的原料，多为玉米、小麦、大米、马铃薯等农作物的淀粉。从资源有效利用和降低生产成本方面考虑，利用含丰富淀粉及纤维素类的废物进行乳酸发酵无疑更具有优势。当前国际上常常采用的有机废物原料主要是农业废物（玉米渣、土豆渣、麦糠、农作物的秸秆以及废弃的甜菜叶、茎等）。美国最大的聚合物生产企业已研制成功将玉米渣作为起始原料，商品化生产聚乳酸的技术。

利用淀粉及纤维素类物质进行发酵生产乳酸需要两个步骤，首先用酶或酸使原料水解为单糖或双糖，然后才能利用乳酸菌发酵生产乳酸。目前淀粉酶的生产技术较为成熟，而对产纤维素酶高效菌株的获取是研究的热点之一。应用于纤维素酶生产的菌种主要有木霉属、曲霉属和青霉属的菌种，其中最重要的是里氏木霉和黑曲霉等。

（2）利用厨房垃圾生产乳酸

厨房垃圾是居民在生活消费过程中形成的一种生活废物。随着社会经济的发展和人类生活水平的提高，厨房垃圾的产生量越来越大，仅上海市每天的产生量就达 1300 余吨。厨房垃圾中约含有 80%水分、12%糖、5.6%蛋白、1.8%脂肪、0.3%纤维和 0.3%灰分。由于含水量高，不适于焚烧处理，且易腐败发臭，其大量排放已严重影响了人们的身体健康和市容环境，因此急需处理厨房垃圾的新技术。目前，常用的厨房垃圾处理技术有堆肥、厌氧消化、真空油炸后做饲料等。

最近的研究表明，可通过发酵厨房垃圾生产乳酸，进而合成聚乳酸这种可降解性塑料，为厨房垃圾的资源化和降低乳酸的生产成本开辟了一条新的途径。

日本九州工业大学的 Shirai（1999 年）提出了一种将厨房垃圾减量化与资源化的新思路（图 3-4）。家庭所产生的食物垃圾首先经安装在厨房水池下面的粉碎机粉碎，再传送到住宅下面的排水系统，在这里进行垃圾的固液分离。分离出的液相物质与污水一道被排放到污水处理厂进行处理。固态物质在贮存过程中，其中存在的乳酸菌会自然发酵（初次发酵），腐败菌被抑制，有利于防止垃圾的腐败。当固体物质积累到一定的数量后，被运送到乳酸生产厂进行乳酸发酵（二次发酵），发酵后通过乳酸分离、纯化、聚合，可以得到生物降解性塑料（聚乳

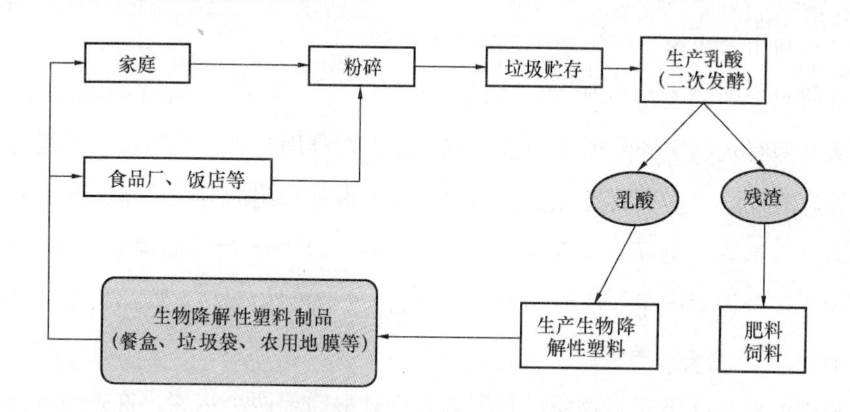

图 3-4　厨房垃圾减量化与资源化的新思路

酸），发酵残渣可作为饲料和肥料。通过这种方法，有希望实现厨房垃圾的“零排放”。

有机废物成分复杂，单一菌种的发酵难以充分利用其中的有用成分，多菌种的联合发酵将有助于提高原料的转化率。例如，Garde 等（2002 年）用戊糖乳杆菌和短乳杆菌联合发酵麦秸水解物，可使水解物中 95%的半纤维素转化为乳酸。

3. 发酵生产乳酸的工艺

乳酸的发酵生产在有机酸发酵中起步较早、发展较为成熟，目前最常用的是分批发酵，而半连续发酵和连续发酵采用的还较少。研究表明，分批发酵通常能得到更高的乳酸浓度和产量，而连续发酵通常能得到更高的乳酸体积产率，这可能是由于连续发酵方式中基质的稀释比例高造成的。连续发酵方式可以提高生产效率和设备利用率，减少产物抑制作用。

近年来，随着生物技术的发展，在乳酸发酵传统工艺的基础上，新的发酵技术不断涌现，大致可归纳为：固定化细胞发酵、细胞再循环发酵以及原位产物分离发酵等新技术。虽然这些新技术取得了一些令人瞩目的结果，但大多停留在实验室规模，尚需进一步研究才能实现工业化。

（1）分批发酵法

分批发酵的工艺从原料处理开始，经灭菌（或不灭菌）、接种、发酵、发酵结束，然后洗罐再重复上述流程。分批发酵法是乳酸发酵工业上一直采用的方法，至今已有五十多年的历史，是工艺最成熟的一种发酵方式。当发酵采用的碳源为葡萄糖或淀粉水解糖，菌种为德氏乳杆菌，初糖含量为12%～15%时，发酵时间一般为3～6d；当采用乳清为原料，菌种为保加利亚乳杆菌，初糖含量为5%时，发酵时间为1～2d。

大多数乳酸细菌为兼性厌氧菌或厌氧菌，通常厌氧或减少氧压有利其生长，所以，在乳酸生产的发酵罐中，通常总是避免有氧存在。Bobillo等（1991年）比较了厌氧和通气条件下，植物乳杆菌的乳酸产量，证实了通气会使乳酸的产量降低。这可能是因为当有氧存在时，细菌合成丙酮酸脱氢酶系，使丙酮酸部分转化为CO_2和乙酰-CoA，从而使乳酸的产量降低。Roecken（1996年）和Antonia（1994年）的研究都证实了通气量的增加会提高副产物乙酸的产量，但对乳酸的产量却没有影响。

虽然乳酸菌不需要像好氧菌发酵那样通入压缩空气伴以强力搅拌，但缓慢的或间歇的搅拌还是需要的。缓慢搅拌可以促进乳酸菌生长，还可帮助赶出CO_2，使醪液分布均匀，特别是加入$CaCO_3$乳液等中和剂时，更需搅拌，避免局部料液过碱。

分批发酵所能加入的糖量是有限的，在乳酸产生的高峰期过后就应停止发酵。当以水解糖为原料发酵时，残糖降至1g/L后，就视为发酵完成，这个过程大约需要5～6d；蔗糖和糖蜜混合发酵、菊粉发酵定为2g/L，这个过程蔗糖原料需要6d，菊粉原料仅需24h；乳清和糖蜜原料定为5g/L，这个过程乳清原料需72h，糖蜜原料需4～5d。此外，还可通过乳酸产量判断发酵终点。

（2）连续发酵法

将新鲜的培养液连续不断地加入发酵罐，同时又把发酵过的基质不断从发酵罐放出，这种发酵方法就是连续发酵。在连续发酵过程中，微生物生长处于对数期的某一阶段，整个系统达到了“稳态”。从理论上讲，这时的微生物是在恒定条件下被连续培养。连续发酵法可分为多级连续发酵系统和单级连续发酵系统两大类。

连续发酵的最早运行方式是多级连续发酵系统，即将一组发酵罐进行级联。在第一个发酵罐中制备好接种物，添加新醪液，加满后逐级流向最末发酵罐，最后流至后处理工序。其优点是各个发酵罐处于不同的生长阶段，整个工序连续进行，没有保存罐，也没有清洗消毒等辅助工序，设备达到最大的利用率，有助于降低成本。但是不能发生污染，否则将造成巨大损失。

在单级连续发酵过程中，只使用一个发酵罐，有维持一定基质浓度的恒化器和控制一定细胞浓度的恒浊器。当菌种生长到人们所期望的阶段时，将新的营养物加到发酵罐中，同时，把同样多的发酵液从罐中放出，这样发酵罐中的细胞浓度、比生长速率和培养环境（如营养物和产物的浓度）将不随时间的变化而变化，能在一定程度上减轻营养物质的不足和代谢产物的抑制作用。

此外，还有一种介于分批发酵法和连续发酵法之间的过渡类型，称之为半连续发酵。它是指在发酵前阶段采用连续发酵，而发酵后阶段采用分批发酵的一种发酵方式。

（3）固定化细胞发酵法

对于好氧微生物来说，固定化细胞技术面临供氧的难题，限制了很多技术的应用。而乳酸菌为厌氧或兼性厌氧菌，无此类问题存在。因此，学术界对乳酸菌的固定化细胞技术进行了大量研究，其固定化细胞的方法以包埋法为主，中空纤维法次之。

海藻酸钙包埋法具有操作简单、无毒、不漏细胞、细胞固定化后仍能生长等优点，因此，国内外应用此法进行乳酸发酵的报道较多。

将湿细胞悬浮在6%或8%的海藻酸钙溶液中（细胞：海藻酸钙=1：5），在加压条件下通过内径为0.6mm的空心细管，落入0.5mol/L的氯化钙溶液中，使其形成直径为2～3mm的凝胶珠，硬化20min，过滤后获得固定化乳酸菌珠。应用前，固定化凝胶珠须进行活化，即在合适的培养基中使珠内的乳酸菌繁殖。活化增殖时间从12h到4～6d不等，用生理盐水清洗后再用于基质转化（发酵）。发酵的方法，多数采用流动床的方式，即将凝胶珠填充在反应柱内，通入大米水解液或葡萄糖液（3%～10%）进行分批或连续发酵。葡萄糖液中可加入$CaCO_3$细粉作为中和剂，或自动添加NaOH作为中和剂。必要时料液中还可加入酵母提取物、蛋白胨、牛肉膏、吐温80、无机盐及微量元素等。反应时要维持最适温度、pH值等，分批发酵要注意控制反应时间，连续发酵要维持一定的稀释率。

海藻酸钙固定细胞是一种温和而简便的方法，因固定化细胞仍能生长，可获得良好的操作稳定性。在反应体系中加入0.005mol/L的氯化钙，可提高凝胶的稳定性。

除了海藻酸钙包埋法之外，还可选用卡拉胶作为载体，但固定化后的卡拉胶珠机械强度不高，搅拌速度加大，细胞损失亦大。

采用中空纤维固定生物细胞和酶，是20世纪70年代发展起来的高新生物技术。中空纤维是内径为15～50μm，外径100～200μm的空心纤维，纤维壁相当于半透膜。固定时，将细胞悬液利用毛细现象吸入纤维内，然后两端封口。也可将细胞利用毛细作用吸附在中空纤维的外侧。纤维的长度从6.5～60cm不等，纤维束中纤维的根数都在数百根，它的生产能力随系统中纤维表面积的增加而增加。

将培养好的德氏乳杆菌注入内径为100μm，外径为150μm的聚丙烯中空纤维中，然后填充到长度为6.5cm的反应器中，维持温度45℃。当反应器中装入300根纤维时，细胞固定后，最初生长缓慢，最终会占据整个外周空间，细胞浓度（干物质）高达200～300g/L。当葡萄糖浓度为20g/L，滞留时间为200s时，转化率达75%。这种系统的乳酸的产能力为传统分批发酵法的100倍。

中空纤维反应器有许多优点，例如对细胞的活性没有影响；对面无反馈抑制作用；中空纤维表面积大，因而可提供较大的传质面积；具有较高的反应速率等。

（4）细胞再循环发酵法

固定化细胞的最大优点是延长细胞的利用，但是固定化的复杂方法限制了它的工业应用。细胞再循环发酵工艺可以不进行固定化，而同样能延长细胞的使用。

所谓细胞再循环发酵就是通过一种装置让成熟发酵液顺利流向后处理的同时，反应器内的菌细胞不被带走而返回生物反应器内继续使用。由于反应器内菌细胞浓度加大，加速基质的转化，从而提高体积产率。

回收菌细胞的方法很多，在乳酸发酵生产上常采用膜过滤技术，使用的膜属于微孔过滤膜和超滤膜。微孔过滤膜的平均孔径为0.01～1μm，过滤时加30kPa左右的压力。超滤膜的平均孔径为几至几十纳米，需加30～700kPa左右的压力。在应用膜过滤技术进行细胞再循环发酵时，由于细胞不断沉积在膜上，造成过滤效果越来越差，最终导致完全堵塞，因此必须采取一些措施防止这种浓度极化现象，这些措施包括搅拌、浅道系统、错流等。此外，对发酵液的澄清度要求特别高，例如乳清溶液，即使先经过超滤处理，还会因加热灭菌再次出现蛋白质沉淀，造成膜的堵塞。解决方法是在培养基灭菌前先用酶水解乳清中的蛋白质。尽管膜技术都有一定措施来防止极化现象，但是过滤效率还是比较低的，这是细胞再循环发酵生产乳酸存在的主要问题。

国外有学者用乳清粉（含 85%乳糖）接入保加利亚乳杆菌发酵生产乳酸，维持 pH 值为 5.6，温度 45℃时，培养基中的乳糖含量以 12.75%为宜，含量再高，会使乳糖利用不完全，菌种生长受抑制。若改用膜循环生物反应器，乳糖含量达到 13.4%时还能很好利用，产物浓度可达 110～117g/L，在细胞浓度为 30～63g/L 条件下，体积产率达 27～84g/(L・h)，是分批发酵的 6 倍。

（5）原位产物分离（ISPR）乳酸发酵法

原位产物分离技术是指将发酵产物快速移去的方法，它与发酵有机结合则为原位产物分离发酵。

连续发酵生产效率优于分批发酵，但要在杂菌污染多的状态下长期操作是相当困难的。目前在发酵工业中占重要地位的仍是分批发酵。因为发酵几乎都受到代谢终产物的抑制，所以在分批发酵中维持长时间、高速度生产是不可能的。例如，乳酸发酵最适 pH 值为 5.5～6.0，pH 值小于 5 时发酵被抑制，乳酸产量仅为 1.6%左右。为了提高乳酸产量，必须减轻或消除发酵产物的抑制作用。传统的分批发酵方法是添加 $CaCO_3$ 等中和剂来中和产生的乳酸，以维持最适 pH 值，发酵终了再用钙盐结晶-硫酸酸化法从发酵液中分离出乳酸。这一传统工艺流程长，消耗化工原料多且最终产品收率低。针对上述问题，近年来进行了在发酵过程中耦合溶剂萃取（油酸、叔胺等为萃取剂）、吸附（离子交换树脂、活性炭、高分子树脂层等）、膜（渗析膜、电渗析膜、中空纤维滤膜、反渗透膜等）等分离操作系统，形成了原位产物分离发酵新技术。这些方法可使菌体细胞和发酵产物随时实现分离，降低菌体细胞周围的乳酸浓度，从而消除产物抑制，提高原料的利用率和产品产率。

1）电渗析发酵（EDF）。电渗析是一种高效的膜分离技术，它利用电场的作用，推动离子通过具有离子选择性的离子交换膜来分离提取发酵液中的乳酸。1986 年，Motoyoshi Hongo 等报道了电渗析发酵法生产乳酸的新方法。EDF 发酵系统主要由发酵罐、电渗析装置、pH 值控制装置、直流电源、精密过滤装置、浓缩液贮存罐、循环泵等组成。EDF 发酵法的优点是不需添加中和剂就可控制 pH 值，并能浓缩产物，简化后提取工艺。电渗析可与固定化细胞或超滤膜细胞再循环发酵配合使用，避免将细胞带到电渗析装置上降低电渗析效率。例如，Nomura 等使用的是与海藻酸钙包埋细胞相配合的电渗析发酵法，取得了较好的效果。EDF 发酵法的不足之处是运行费用高，而且目前尚未筛选到一种高效耐用的离子交换膜。

2）吸附发酵。吸附常常作为分离和浓缩产品的手段。聚乙烯基吡啶（PVP）对有机物具有良好的吸附选择性，研究表明，PVP 基本上不吸附大部分无机盐。而且对乳酸的吸附属于物理吸附范畴，脱附比较容易。美国 Purdue 大学的 Lee 和 Tsao 首先将 PVP 树脂用于乳酸的发酵和分离。他们的研究结果表明，应用 PVP 树脂吸附，不但可以将发酵产生的乳酸即时分离，而且能自动调节发酵液 pH 值。

3）萃取发酵。萃取发酵是在发酵过程中利用有机溶剂连续萃取出发酵产物以消除产物抑制的耦合发酵技术。萃取发酵具有能耗低、溶剂选择性好及无细菌污染等优点。十二烷醇、油醇是常用的萃取剂。为了有效地移除发酵液中的乳酸，Yabannavar 使用叔胺 Alamine336（一种含 8～10 个碳的脂肪族胺）和油醇的混合物来萃取乳酸。结果表明，Alamine336 是一种很好的萃取剂，但有轻微毒性。萃取剂与细胞直接接触，会产生毒害作用，造成细胞活性降低。可用来减轻萃取剂毒害作用的方法有：用膜将溶液和细胞分开，细胞固定化；或在固定化载体中包埋植物油，如豆油等。

双水相萃取是近年来出现的新技术。双水相是一种物理现象，有些物质如聚乙二醇和葡聚糖在一定的水溶液浓度时，在水中会自发出现一种分层现象。双水相萃取法就是利用生物高分子在双水相液层中分配系数不同而采用的分离方法，它不会对细胞产生毒害作用，为发酵提供了一种生物相溶的环境。Dissing 等（1994 年）用 3%的聚乙二醇（PEI）水溶液和 0.75%羟基醚纤维素（HEC）水溶液，加入发酵液中，HEC 在上层，PEI 在下层，HEC 对乳酸杆菌和双歧杆菌的生长没有影响，但 PEI 的加入会出现较长的延迟期，所以在双水相中培养乳酸菌时需要有一段适应过程。产生的乳酸以离子形式趋向 PEI 层，而菌细胞处于双水相的界面和 HEC 层，从而可使菌体和乳酸得以分离。

4. 乳酸合成聚乳酸技术

聚乳酸主要通过乳酸直接缩聚法和丙交酯开环聚合法制备，近年来又相继开发出乳酸的溶液聚合、乳酸的反应挤出配合、丙交酯的溶液开环聚合和丙交酯的反应挤出聚合等工艺。

（1）乳酸直接缩聚法

直接缩聚法制备聚乳酸也称一步法，即利用乳酸的羟基（—OH）的活性及羧基（—COOH）的活性，通过分子间加热脱水直接聚合得到聚乳酸。

1913 年法国人首先用直接缩聚的方法合成了聚乳酸，但因反应体系中存在游离酸、水、聚酯和丙交酯的平衡，特别是小分子水的脱除等关键技术未解决，因此得不到高分子量的聚乳酸，一般只能得到数均相对分子质量小于 5000 的低聚合物，实际用途不大。

（2）丙交酯开环聚合法

丙交酯（3，6-二甲基-1，4-二氧杂环己烷-2，5-二酮）是乳酸的环化二聚体，有三种构型异构体和一种外消旋体，即 L-丙交酯、D-丙交酯、meso-丙交酯和外消旋体 DL-丙交酯。丙交酯是由乳酸分子经酯化脱水生成低聚物，再由低聚物裂解环化制得。由于生成的丙交酯不易被蒸馏出来且反应后期的体系过于黏稠，易于炭化，在丙交酯的制备过程中常需加入一种相对低沸点的有机液（如正辛醇），把丙交酯带出；加入一种高沸点的惰性溶剂（如丙三醇、季戊四醇），避免体系过于黏稠而导致高温炭化。

丙交酯开环聚合一般经过乳酸齐聚、齐聚物解聚生成丙交酯和丙交酯聚合三个步骤。在 120～160℃的温度范围内，乳酸在催化剂作用下齐聚为相对分子质量为 300～3000 的线形链，得到的齐聚物在温度为 180～240℃、压力为 13.33～1333.22Pa 的解聚塔中转变为丙交酯，纯化后的丙交酯在催化剂作用下进行开环聚合，得到相对分子质量为 10 万以上的聚乳酸，反应式如下：

$$\underset{\text{L-乳酸}}{\text{HO—C(H)(COOH)(CH}_3\text{)}} \xrightarrow[120\sim160^{\circ}\mathrm{C}]{1333\ 22\sim2666.44\mathrm{Pa}} \underset{\text{低聚物}}{\left(\text{O—CH(CH}_3\text{)—C(=O)}\right)_n} \xrightarrow[180\sim220^{\circ}\mathrm{C}]{13\ 33\sim1333.22\mathrm{Pa}} \underset{\text{交酯}}{\text{交酯}} \xrightarrow{\text{聚合}} \underset{\text{聚L-乳酸}}{\text{H}\left(\text{O—CH(CH}_3\text{)—C(=O)}\right)_n\text{OH}} \quad (3\text{-}4)$$

目前荷兰的Purac公司、美国的Gargill公司、Ecochem公司和日本的岛津公司均采用该方法生产聚乳酸。

丙交酯开环聚合法易于获得高分子量的聚乳酸产品，但工艺路线长；开环聚合法对丙交酯的纯度要求很高，提纯时需耗费大量有机溶剂，提纯后还需对有机溶剂进行回收处理，工序繁多，中间产物丙交酯易吸水，不宜长久贮存，对生产的连续性要求高。

(3) 聚乳酸合成的新方法

1) 乳酸的熔融/固相缩聚。韩国和日本的研究人员将L-乳酸进行脱水处理后与二元复合型催化剂混合，在熔融条件下进行缩聚，得到相对分子质量约为1.3×10^4的低聚乳酸；冷却该低聚乳酸至一定温度后进行热处理，使低聚乳酸充分结晶，相对分子质量提高到1.5×10^4；再将热处理结晶后的聚乳酸在玻璃化温度T_g以上，熔融温度T_m以下进行固相缩聚，得到了相对分子质量为5×10^5的聚乳酸。未经热处理和固相缩聚的熔融聚合产物，不仅分子量不高，而且结晶度很低，这是由于体系长时间处于高温熔融状态下，生成了较多的乳酸低聚物和丙交酯的缘故。当熔融缩聚产物进行结晶热处理后，体系的结晶度不断提高，低分子的物质、催化剂和大分子端基从结晶区中分离出来，聚集在无定型区，有利于反应继续向生成聚乳酸的方向进行，集中在无定型区的大分子端基可以发生酯化反应相互连接，使分子链增长。随着固相缩聚反应时间的增加，大分子端基的相互连接速度变慢，当分子内的酯交换反应速度高于分子链扩展的速度时，开始形成丙交酯，引起分子量的下降。因此固相缩聚可以使产物的分子量和收率提高，但不会无限制地提高分子量。乳酸的熔融/固相缩聚的优点是工艺简单，反应过程中未引入其他杂质，反应后的产物也不需要再处理。

2) 乳酸的溶液聚合。日本的三井东压采用乳酸的溶液聚合法生产聚乳酸，比较方便地从反应混合物中去除水分，该方法使用了一种高沸点溶剂（如烷基芳基苯酚、二苯酚酯等）作为反应介质，乳酸和聚乳酸溶于此溶剂，但水分产生凝聚，形成分离相，易于去除，该方法生产的聚乳酸的相对分子质量达30万。溶液聚合法在较温和的反应温度和压力下进行，可抑制由于聚合温度过高而产生的副反应，有效降低了体系的黏度，使体系中的水能够较完全地脱除而获得较高分子量的聚乳酸，且对原料的纯度要求不高。溶液聚合所采用的溶剂对环境污染较大，且残留于产物中的溶剂难以清洗干净，这是该方法的不足之处。

3）乳酸的反应挤出聚合。日本 Miyoshi R 等用间歇式搅拌器和双螺杆挤出机组合，先由乳酸通过连续熔融缩聚，得到低分子量的聚乳酸，然后将此低分子量聚乳酸送入双螺杆挤出机，低分子量的聚乳酸在双螺杆挤出机内继续聚合，该方法成功地获取了重均相对分子质量为 15 万的聚乳酸。

4）丙交酯的反应挤出聚合。Sven Jacobsen 等研究了 L-丙交酯在螺旋挤压机中的聚合。该方法用辛酸亚锡-三苯磷二元复合催化体系催化，选用 ULTRANOX626 为稳定剂，聚合温度为 180℃，停留时间为 7min，稳定剂用量为 5%（质量），所得聚乳酸的数均相对分子质量为 9.1 万。

5）丙交酯的溶液开环聚合。德国的 Hans R. Kricheldorf 研究了一种新的聚合体系，以 Bu_2Mg 为催化剂，甲苯或二恶烷为溶剂，低温下引发 L-丙交酯或 DL-丙交酯聚合，得到数均相对分子质量达 30 万的聚乳酸，由于 Mg^{2+} 与人体的新陈代谢完全相容，因而该方法是合成医用聚乳酸比较好的一种聚合方法。

6）丙交酯的微波聚合

工业上制备脂肪族聚酯主要通过开环聚合反应合成，该反应须在 120～140℃进行 12h 以上。武汉大学采用微波聚合方式制备脂肪族聚酯，与传统加热方式相比，可将聚合时间缩短到几十分钟乃至数分钟，反应速度提高 1000 倍以上，大幅度减少了生产能耗，聚乳酸的相对分子质量达到 20 万，聚己内酯的相对分子质量也达到近 10 万。

（4）聚乳酸的聚合机理

关于聚乳酸的聚合机理，目前研究最多的是开环聚合催化体系，迄今为止提出了三种聚合机理，它们是阳离子聚合、阴离子聚合和配位催化聚合。

1）阳离子聚合。传统的聚合机理认为丙交酯开环聚合的阳离子引发剂主要为三种：①质子酸，如 HCl，HBr，RSO_3H 等。②路易斯酸：如 $AlCl_3$，$SnCl_2$，$SnCl_4$，$MnCl_2$等。③烷基化剂如 CF_3SO_3H（三氟甲基磺酸），$CF_3SO_3CH_3$（三氟甲基磺酸甲酯）。但近期的研究表明，只有少量的强酸或碳正离子是丙交酯开环聚合的阳离子引发剂，而其他所谓阳离子引发剂都是在体系痕量杂质共催化作用下实现引发的。

2）阴离子聚合。阴离子聚合的引发剂为强碱如 Na_2CO_3、$LiAlH_4$ 等。以烷氧基碱金属为例，引发机理为负离子亲核进攻丙交酯的羰基，酰氧键断裂、形成了烷氧链，所形成的烷氧链可继续引发单体发生链增长反应，还可诱发丙交酯单体 α 位氢的去质子化反应。而单体的去质子化/再质子化反应的结果是生成等量的外消旋体。所以，外消旋化是阴离子聚合不可避免的。如果用外消旋的 DL-丙交酯作为反应单体的话，单体的外消旋化对聚合的结果无影响。而去质子化后的丙交酯阴离子还可能引发一个新的链反应，发生一个链转移过程，链转移的结果导致了形成低到中等分子量的聚乳酸。

3）配位催化聚合。配位催化聚合也称配位-插入聚合，研究最深，应用最广，引发剂主要为过渡金属的有机化合物和氧化物，过渡金属的有机化合物可分为：①烷基（或芳基）金属，如 $ZnEt_2$，$AlEt_3$，$SnPh_4$，格氏试剂等。②烷氧基金属，如 $Bu_2Sn(OMe)_2$，$Bu_3Sn(OMe)_2$ 等。③羧酸盐，如硬脂酸锌，辛酸亚锡，乳酸锌等。过渡金属氧化物引发剂包括 ZnO，Sb_2O_3，PbO，MgO，Fe_2O_3 等。

丙交酯上的酰基氧原子与金属原子配合形成配位基，这个配位基提高了—C=O 基团的亲电子性和—OR 基团的亲核性，使交酯可以插入金属-氧键之间。这种聚合方法所使用的典型引发剂是纯净的镁、铝、锆、钛、锌的醇盐。用二乙基锌或三乙基铝与乙醇或苯酚通过反应制得引发剂，也是一种方便和常用的方法，由于乙醇（或苯酚）含有羟基，是聚乳酸的酯终止基团，通过这种方法可使含有终止基团的物质转化为引发剂的组成部分。而麻醉药、维生素、荷尔蒙等都是含有羟基的生物活性物质，通过该方法可以将它们转化为引发剂，以制备高分子量的聚乳酸。在这方面，科研人员用麦角固醇、豆固醇做过成功的实验。

目前，利用配位-插入引发丙交酯开环聚合时，多采用辛酸亚锡作为引发剂，这主要是由于辛酸亚锡无毒、单体转化率高且在高温条件下聚合时外消旋化的比率很低。辛酸亚锡的引发聚合是在聚合体系中少量杂质醇的存在下发生的。

5. 聚乳酸的应用

塑料制品在生产和生活中的广泛使用产生了大量难处理的塑料废物，形成了严重的环境公害。减少并解决废弃塑料的环境污染问题引起了世界各国的高度重视，使用和开发生物降解性塑料已成为欧美各国解决“白色污染”的重要手段之一。

所谓生物可降解性塑料是指在自然界中在微生物作用下能分解成对环境无不良影响的低分子化合物（如塑料）、高分子化合物及其配合物。

（1）聚乳酸的种类

聚乳酸制品就是其中一种研究较多并性能较好的完全可生物降解的合成型脂肪族聚酯类高分子材料。它具有3种基本立体结构，即聚L-乳酸、聚D-乳酸以及聚DL-乳酸，其中常用易得的是聚L-乳酸和聚DL-乳酸。具有旋光性的纯聚L-乳酸是一种结晶状的、硬且脆的物质，其熔程随分子量和晶体形态而变化，大概在165～175℃范围内。提高分子量和增大结晶度可减小聚L-乳酸的脆性，使之成为硬且坚韧的工程塑料。相反，无定型的聚DL-乳酸是一种透明材料，根据其分子量的不同，玻璃化转变温度在50～60℃之间，它可以用来生产透明薄膜和胶水。

（2）聚乳酸的特性

聚乳酸具有良好的生物可降解性，在自然环境中它能被微生物作用而完全降解成CO_2和H_2O，随后在光合作用下它们又会成为淀粉的起始原料，如图3-5所示，因而是一种完全循环型生物降解性塑料，不会对环境产生污染。除此之外，

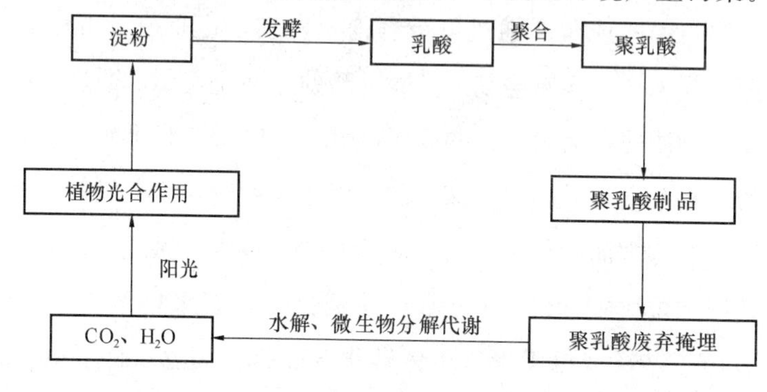

图3-5　聚乳酸在自然界的降解循环过程

聚L-乳酸还具有优良的生物相溶性，在人和动物体内的最终代谢产物也是人体和动物体内的正常代谢产物，不会在器官内积累。聚乳酸作为可吸收的医用缝合线已在临床中应用了三十几年，临床结果表明它不会造成人体或动物体免疫功能的丧失，已被美国食品药品监督管理局批准作为医用手术缝合线、注射用胶囊、微球及埋植剂等材料。

（3）聚乳酸的应用及存在的问题

1）聚乳酸的应用。聚乳酸制品在农业、渔业、服装行业和医疗等方面都有着广阔的应用前景。

在工农业生产领域：聚乳酸塑料具有韧性好的特点，所以适合加工成高附加值的薄膜，用于取代目前易破碎的农用地膜，还可加工成建筑用的薄膜和绳索及纸张塑膜。聚乳酸还可用作土壤、沙漠绿化的保水材料、水产材料，农药化肥缓释材料等。

在生活领域的应用：聚乳酸对人体无害，所以最适合加工成一次性饭盒及其他各种食品、饮料外包装材料，还可以用于生产仿棉纤维以及仿羊毛、仿丝绸纤维，可单独仿丝用于生产各种织物，其纤维织物抗皱性强，透气性好，穿着舒适，非其他纤织物可比。

在生物医学领域的应用：高分子量聚乳酸在医药及医疗用品方面应用非常广泛，目前应用较多的有手术缝合线、微胶束、植入片、骨科固定材料、人造皮肤、人造血管以及药品缓释剂材料等。最近又新开发出聚乳酸类伤口包扎绷带，这种伤口包扎绷带由无定型的共聚乳酸薄膜组成，由于它透明，因此外科大夫不用拆除绷带就可以观察并控制伤口的愈合过程。该共聚乳酸膜在4～6周之内（取决于膜的厚度）就可以被伤口吸收，如果第一层膜被吸收太快，还可以用第二层膜固定在部分降解的第一层膜的上面，再在伤口周围的皮肤上涂上一层可吸收的共聚物胶水用以固定薄膜。这种胶水是共聚乳酸的乙醛浓溶液，并不是一类新的共聚物，通过对共聚物绷带薄膜的组织学和细菌学性能的研究测试，证明了传染性病菌细胞不能在膜上成长，也不能透过膜。该用途的薄膜已在德国实现了商品化生产。

2）存在的问题。聚乳酸作为完全可生物降解性材料已越来越引起人们的重视，但它的开发和推广应用还受到诸多因素的限制，一是合成聚乳酸的原料成本高；二是合成满足各种需求的超高分子量的聚乳酸有一定难度；三是聚乳酸材料还有待于精细化。

首先，成本问题是制约聚乳酸材料商品化的最大障碍，主要原因是合成聚乳酸的原料——乳酸是以玉米、小麦、蔗糖和甜菜等粮食作物和经济作物为底物通过生物发酵制得的，使得制备聚乳酸的原材料价格偏高。从降低乳酸生产成本和有利于环境保护双重目的出发，许多研究者开始关注采用一些适合的有机废物发酵生产乳酸，利用含丰富淀粉的废物进行乳酸发酵的研究日益增多。当前国际上常采用的有机废物有农业秸秆、废糖蜜、玉米酒、土豆渣等。

哈尔滨工业大学与日本的科研机构进行合作研究，提出了一种对厨房垃圾进行生物发酵提取乳酸并进一步聚合成生物降解性塑料-聚乳酸的新方法。该方法不仅开发了生产乳酸的新的廉价发酵底物，而且解决了城市垃圾中最难处理且排放量大的厨房垃圾环境污染问题。乳酸发酵后的残渣还可做成高质量的肥料和饲料，实现厨房垃圾的零排放。该工艺采用的技术路线如图 3-6 所示。

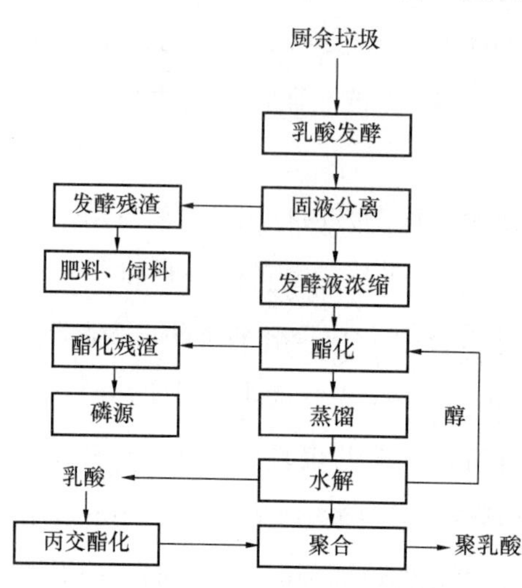

图 3-6　厨房垃圾制取聚乳酸的工艺流程

图中发酵液浓缩、酯化及水解过程尽可能使用垃圾焚烧热及锅炉废热，以降低能耗。利用该法制得的聚乳酸可制造垃圾塑料袋、农膜等塑料制品。

其次，复杂的合成工艺和冗长的工艺流程也是导致聚乳酸制品成本增加的重要因素。直接缩聚法生产聚乳酸工艺简单，但所得聚乳酸分子量小且分子里分布较宽，实用价值不大；丙交酯开环聚合法可制得超高分子量的聚乳酸，但丙交酯开环聚合时对催化剂纯度、单体纯度要求很高，极微量的杂质都会使相对分子质量低于 10 万，这就需要对丙交酯中间体进行多次的重结晶处理，才能满足聚合的需要，重结晶处理丙交酯需消耗大量的重结晶剂，重结晶处理完成后还需要对重结晶剂进行回收和再利用，可见开发新的催化和聚合体系以及完善聚合工艺是降低聚乳酸成本的另一个亟待解决的问题。而有关这方面的探索在聚乳酸合成的新方法中已作介绍，此处不再赘述。

（4）市场分析和产业化前景

1）市场分析。从乳酸制备聚乳酸，直接缩合法的流程最为简捷。理论上每吨90%的乳酸可制得聚乳酸0.6t，若直接缩合法制聚乳酸的原料费占生产成本的比例按70%计算，加工费占生产成本的比例按30%计算，L-乳酸的国内价格按19000元/t计算，则直接法制聚乳酸的总生产成本至少为45000元/t。而丙交酯开环聚合法制L-聚乳酸的总生产成本比直接法制聚乳酸的总生产成本还要高得多。要使聚乳酸大量用作包装材料和一次性用品，其价格应降低到20000元/t以下（是通用塑料价格的3倍左右），发酵乳酸的价格降低到现价的一半左右市场才比较容易接受。在这样的条件下，聚乳酸才有希望大规模进入市场。

2）产业化前景。由于聚乳酸的产业化有巨大发展前景，因此近10年来，它们的研究和产业化受到世界各国政府、企业界和研究机构的普遍关注。聚乳酸作为原材料的生产在欧美日等地区和国家已初步形成产业，目前年生产能力超过26000t。与此形成强烈反差的是，国内聚乳酸的产业化步伐缓慢，到目前为止还停留在实验室规模。

从发展前景看，聚乳酸在药物控制释放材料方面和可降解塑料方面发展潜力巨大。据预测，到2005年可降解塑料国际市场需求量将接近20万t、产值约12亿美元。其中，欧洲11万t、美国4.3万t、日本3.4万t，现在在国际市场上，聚乳酸类生态性纤维的产品开发工作虽刚刚起步，目前产品还仅为运动服等，但发展前景广阔。

生物降解性塑料——聚乳酸的合成及应用为人们展示了一个集环境科学、生物化学、高分子化学以及化工机械于一体的全新的研究领域，随着发酵技术的完善、合成工艺的提高以及新原料逐渐被挖掘，作为环保产品的聚乳酸，将在21世纪得到更广泛的应用。

3.4 工厂化有机废弃物制备复合材料

基于我国森林资源的现状和木材供需的矛盾、当今世界各国在为解决包装与环境的矛盾、快餐具（一次性餐盒、碗、盘、杯、筷子）的用量与日俱增以及国民经济对各类纸张的需求不断地增加，合理开发和利用农作物秸秆、废旧报纸等有机废弃物，不仅有助于缓解各种压力，还可以减少损失，实现资源的再利用，节约自然资源。本节将对制备人造板技术、制备植物纤维发泡制品技术、制备植物纤维餐具的技术、利用植物纤维性废弃物造纸的技术方面进行简单的介绍。

3.4.1　制备人造板技术

资料表明，世界上利用农作物剩余物制造人造板已有几十年的历史。国外农作物秸秆人造板技术产业化始于20世纪40年代。比利时在1947年研究生产麻秆刨花板，随后，英国、德国、美国、日本等国相继建厂生产稻草、甘蔗渣、棉秆等秸秆人造板。从1970年起，农作物秸秆人造板技术的研究与推广，受到联合国粮农组织的极大关注和支持。近年来，在农业发达的北美以及欧洲的英国、德国、瑞典等地区，农作物秸秆人造板技术产业化得到了迅速发展。1999年北美地区已建成6家麦秸刨花板生产厂，其中以加拿大的Isoboard麦秸人造板厂规模为最大，年生产能力达230000m^3。另外还有12家秸秆刨花板或中密度纤维板厂在开工建设中，年总生产能力将达1760000m^3。目前，在北美市场上，尽管采用异氰酸酯胶粘剂制成的秸秆刨花板性能可以达到甚至超过ANSI M3标准，但秸秆人造板与传统木质人造板的竞争并未取得人们所预料的效果。在2001年初，包括Isoboard公司在内的几家秸秆人造板厂，由于产品销路及经济上的原因，先后被迫关闭和濒临破产。

我国农作物秸秆人造板技术研究始于20世纪70年代初，重点研究以蔗渣为原料制造硬质纤维板的湿法生产工艺技术。20世纪80年代初，中国林科院木材工业研究所等科研单位进行了系列非木质纤维人造板的工艺与材性研究，先后成功开发出稻壳板、麦秸板、棉秆和麻秆板、稻草板等工艺技术。同期，东北林业大学、林业部林产工业规划设计院、南京林业大学等单位也相继开展了以竹材、麦秸、稻草、玉米秆等为原料的人造板工艺技术研究，并于20世纪80年代中、后期分别在广东、江西、江苏、河北等地建立了10余条生产线，主要产品类型有刨花板和硬质纤维板等。从技术应用效果看，以蔗渣、竹材为原料的人造板生产较为成功，秸秆人造板如棉秆刨花板、稻草板、水泥麦秸碎料复合板等生产厂家大都处于停产或转产状态。20世纪90年代后期，随着我国“天然林保护工程”的实施以及人造板需求量的大幅度增长，国内再次掀起秸秆人造板研究与技术开发的热潮。南京林业大学、东北林业大学、中国林业科学研究院等均加大了农作物秸秆人造板技术的研究力度，已研制开发出麦秸刨花板、麦秸、稻草中密度纤维板等一系列秸秆人造板新产品。同期，1998 年河北建成一条年产 30000m^{3}的麦秸刨花板生产线，1999 年山东也建成一条麦秸刨花板生产线。随后，2001 年在湖北荆州改造建成一条年产 8000m^{3}的秸秆碎料板生产线，2002 年在四川国栋集团从国外引进大部分设备建成一条年产 50000m^3 秸秆碎料板生产线，2003 年在上海建成一条秸秆板生产线。此外，国内还有多家企业如武汉荣德、西安精高、伊春光明等拟引进国外成套生产线。但截至目前，国内能投入一定批量生产的秸秆人造板生产线仅有湖北荆州基立新型复合材有限公司改建的稻草板生产线。

纵观国内外农作物秸秆人造板技术产业化的发展进程，就总体而言，国内外秸秆人造板生产尚处于初级阶段，产业化进程仍十分艰难。

3.4.2 制备植物纤维发泡制品技术

1. 植物纤维发泡制品的研究背景

绿色包装材料是绿色包装的核心，它不仅能减少和消除对环境的污染，缓解对生态环境的压力，而且能节约资源，取代某些缺乏或贵重的资源，使废旧资源再资源化，因此引起世界各国高度重视，纷纷投入大量资金和人力进行开发，目前已取得了许多重要成果。

在缓冲包装领域中，最早使用的缓冲材料是瓦楞纸衬垫、隔板以及废纸条等。在装箱过程中需要大量的手工劳动，缓冲性能并不理想，取而代之的是 EPS 发泡塑料。EPS 泡沫塑料制品是污染环境的主要产品之一，面临淘汰是大势所趋。然而，EPS 泡沫塑料制品作为包装材料防震内衬的首选产品，其优越的包装性能以及低廉价格，至今还没有寻找到理想的替代物。

目前主要的替代产品是纸浆模塑防震内衬包装制品，是以废旧报纸、纸箱纸等植物纤维为主要原材料，经水力机械碎浆、模具真空吸附成型，再经干燥而成。其产品应用领域可涵盖电子、机械零部件、工业仪表、电工工具、家电、电脑、玻璃、陶瓷和泡沫塑料制品、农产品等行业。但由于其制品过于致密，抗震耐冲击性能大大低于 EPS 材料。该包装制品的抗震耐冲性能主要通过制品的几何结构来保证，由于受到模具结构及加工技术的影响，制品的发展受到很大制约。目前只能制作小型包装衬垫。而制作大型家电的包装衬垫及填充仍需采用 EPS 发泡塑料制品。这一技术难题至今未能得到有效解决。同时，由于纸浆模塑制品的成本比 EPS 发泡塑料制品要高，因而发展受到限制。

近年来，一种新型的包装制品材料——植物纤维发泡包装制品及其成型技术正在研究开发中。该制品是以植物纤维（废旧报纸、纸箱纤维及其他植物纤维材料等）以及淀粉添加剂材料制作而成，具有不污染环境、制作工艺简单、成本低廉、原料来源广、防震隔震性能优于纸浆模塑制品等特点。该材料不仅可以制作防震内衬，也可替代 EPS 制作填充颗料物体，其效果与 EPS 制品相当。国外在进行发泡型植物纤维缓冲包装材料的制作及机理方面的研究，已取得了不同程度的阶段性成果。其实验室制成的样品，足以显示出该产品的发展具有巨大市场潜力，但目前该技术离实现工业化大规模生产还有一定的距离。

2. 植物纤维发泡制品的性能和特点

（1）植物纤维发泡包装制品的主要原料是废纸、蔗渣、麦秸、稻草等纤维材料以及工业淀粉，不会对环境和回收造成障碍，有利于生产商的产品出口。

（2）植物纤维发泡包装制品适用范围广泛。随着植物纤维发泡技术的进步，该制品可用于替代现在使用的 EPS 泡沫内衬及填充包装。

（3）综合成本低。植物纤维发泡产品与纸浆模塑产品相比，工艺简单、无需形状复杂的成型模及热压模、生产时间及周期短，能耗和原料成本低。

（4）防静电、防腐蚀性能优于 EPS 发泡材料，防震性能优于纸浆模塑产品，与发泡塑料制品的缓冲性能基本相当，而无需像纸模制品那样通过复杂的几何形状构成力学结构来增大缓冲性能，降低了制品的制作难度。

（5）在力值检测中，吸震和抗震均优于纸浆模塑产品，并可按不同包装对象要求加入增强剂、柔软剂、防水剂、防油剂、防燃剂等多种辅助添加剂，实现多种功能。

（6）可制作大型家电产品及电子产品的包装衬垫及填充料，可填补纸浆模塑产品至今还无法制作该类包装产品的空缺。

各类包装制品的性能对比见表 3-3。

各类包装制品性能对比表　　表 3-3

项目	纸浆模塑制品	EPS 发泡制品	植物纤维发泡制品
环境保护	可完全回收，再生利用	材料体积庞大，不会分解，是白色污染源	可完全回收，再生利用
缓冲性	有一定的缓冲性	有很好的缓冲性	有很好的缓冲性
比重	较大	小	较小
单价	略高于 EPS	便宜	低于纸浆模塑产品
产量	可连续生产	大量生产	目前还无法连续生产
仓储	堆置空间较小	堆置空间庞大	堆置空间较大
危险性	不具自燃性	易燃	不具自燃性
防震	较好	好	好
毒性	燃烧完全无毒	有毒	燃烧完全无毒
防潮性能	可吸除部分水分	不具防潮性	可吸除部分水分
资源回收	100%回收再生	无法回收	100%回收再生
资源状况	可再生	不可再生	可再生
市场前景	受价格制约	面临淘汰	潜力巨大
原料来源	再生纸制品、废纸浆	来源无法掌握，单价偏高	再生纸制品、废纸浆

3. 制作工艺及设备特点

植物纤维发泡材料具有生产工艺比较简单无需多次发泡和冷却的特点。植物纤维发泡制品的发泡工艺主要有两种：使用化学发泡剂及不使用化学发泡剂。

不使用发泡剂的植物纤维发泡制品是采用旧书废报纸或其他纤维和淀粉做原料。该发泡制品通过水蒸气的作用发泡，其制品生产和使用都不会损害环境，用过的制品可以和普通垃圾一样处理，还可以回收，重新加工。从经济效益来看，生产同样数量的包装材料，纤维发泡制品比泡沫塑料还要便宜，具有广阔的应用前景。

使用发泡剂的植物纤维发泡制品，其制作工艺与不用发泡剂植物纤维发泡制品基本相同，只是发泡的媒介不是利用水蒸气，而是采用各种发泡剂。该方法对于发泡的控制比较容易，目前的发泡剂主要有：碳酸氢钠、尿素、4，4-氧化双苯磺酰肼、偶氮二甲酸胺、甲苯磺酸脐等。其中有些发泡剂对环境有不利的影响，如果选用不当会对环境造成影响。

植物纤维发泡制品的制作方法有一步法成型和两步法成型。

（1）一步法成型法工艺特点。采用整体浇注发泡成型，其工艺流程主要为：物料—混合—制浆—浇注—发泡成型—熟化—脱模—成品。

（2）两步法成型的工艺特点。将回收的旧书报或其他植物粉碎碾成纤维状，使其和淀粉按一定比例混合，在挤压机中制成直径 1～3mm 的圆柱颗料。在挤压过程中，原料受水蒸气作用发泡，形成颗粒型发泡纸浆。再用发泡纸浆颗粒做原料，将发泡纸浆颗粒送入专用的金属模具中进行加压加热，制作成相应形状的包装制品。

植物纤维发泡制品的生产线主要有下列设备组成：粉碎机、混炼机、反应釜、颗粒膨化机、气力输送机、制品成型机以及控制系统、液压系统、空气系统、动力系统、加热系统及其他辅助设备。

4. 国内研究现状

近年来，我国有几所院校正在进行这方面的技术研究开发，并已取得了阶段性成果。国内的工艺方法主要集中在使用添加剂化学发泡剂方面。目前武汉远东绿世界公司和通山科学工业技术研究所共同研制的双发泡植物纤维发泡包装新材料，可用于家电生产企业替代泡沫塑料包装。该材料是用改性淀粉和高纤维填充物为原料，在高效复合发泡的作用下经低温发泡选粒，高温发泡成型技术生产而成，具有防潮、抗震、抗压、强度好、重量轻、价格低等特点，该材料降解率可达到 78.4％，是一种新型环保包装材料，是塑料泡沫包装材料的极佳替代品。

5. 国外研究现状

目前，一些发达国家正在加紧进行植物纤维发泡技术的研究，期望该新型包装材料能够替代还在广泛使用的 EPS 发泡材料。国外植物纤维发泡制品所采用的方法主要集中在不添加化学发泡剂的工艺方面，原料是通过水蒸气的作用发泡，形成颗粒型发泡纸浆。日本在该项技术上已取得较为显著的成绩。

日本工业技术研究所开发了用废纸做原料的干式纸浆发泡技术。这种废纸无需用水溶化，该制作包装材料的技术与湿式纸浆模法相比，所制出的产品具有更好的生物分解性，不会造成二次公害。该项技术是将废纸粉碎到 $5mm^2$ 以下，与淀粉浆糊混合制成直径 1～3mm 的粒子。将粒子吹入处于开启状态的金属模后再关闭加热，浆糊中含有的水分在加热过程中从通气孔排出，可制作成精度、厚度与金属模相应的包装制品。在制作发泡包装材料时，可预先将废纸和淀粉浆糊的小粒发泡该发泡体涂上淀粉浆糊吹入金属模，或者将粒子加入发泡材料在金属模内使之发泡。由于该项技术不需用大量的水，因而不需要配备干燥流水线和废水处理设备。

6. 目前存在的问题和对策

（1）重点发展对环境无影响的植物纤维发泡技术

在国内，现有研究开发的植物纤维发泡包装制品的发泡方法主要是采用添加化学发泡剂来进行的。由于化学发泡剂对环境会造成不利的影响，因而应像发达国家那样，大力开发研究利用水蒸气实现植物纤维的发泡，以彻底避免对环境的不利影响。

（2）加强植物纤维发泡制品的工业生产技术及设备的研制

当前无论国内还是国外，对植物纤维发泡制品的研究基本上还处在实验室阶段，还未达到实现工业化大规模连续生产的要求，为实现这一目标，应在产品的配方，工艺参数的选择，专用设备的研制，专用模具的设计等方面加大研究力度，尤其是在实现满足连续化、自动化生产等要求方面要有新的突破。

（3）对植物纤维发泡包装制品特性进行全面、系统的研究

目前对植物纤维发泡包装制品的性能特点的研究主要集中在单件和实验性方面，而对于多件或实际应用的性能参数还未获得验证，因而在这方面应加大研究力度，获得植物纤维发泡包装制品在各种实际使用状态下的性能参数，以便进行针对性改进，提高植物纤维发泡包装制品的综合使用性能。

3.4.3 制备植物纤维餐具的技术

全降解植物纤维餐具是在保护环境、治理“白色污染”、取代聚苯乙烯发泡餐具（EPS）的大潮中产生的。此项生产技术的研制与发展主要在我国，很少见国外有报道，具有明显的中国特色。这是因为虽然我国木材资源贫乏，但是竹林、芦苇以及农作物的秸秆、稻草、稻麦壳等草本植物纤维或甘蔗渣、木屑等废弃物却十分丰富的自然资源条件所形成的。将这些原材料经粉碎等预处理后，与符合食品卫生标准的粘合剂、耐水剂、填充料等助剂在一定的工艺下热压模塑后，即可得到全降解的植物纤维模塑餐具。

全降解植物纤维餐具于20世纪90年代初在我国研制，20世纪90年代末期在全国有了较大发展，全国建成投产的生产线约有50条，年产量20亿只。最近几年，全国有关生产厂家和科研工作者又相继克服了外观、强度、热脆性不足等

缺点，尤其是在防潮、防霉和卫生指标方面取得了突破性进展；同时研制的工艺设备小型化，生产效率高，价格低，工艺也日趋成熟，产品质量达到《塑料一次性餐具通用技术要求》GB 18006.1—2009 要求。部分产品已出口韩国和东南亚地区，正在为我国和世界的环境保护事业作出积极贡献。

1. 植物纤维餐具的优势和主要问题

在目前取代 EPS 餐具的可降解塑料餐具、PE 淋膜纸板餐具、纸浆模塑餐具、植物纤维模塑餐具、淀粉类模塑餐具等 5 种替代品中，植物纤维模塑餐具有突出的两大优势：一是资源优势，它完全不消耗木材，材料来源广泛、丰富，均为可再生资源，十分适合我国的资源国情，能抑短扬长；二是环境优势，它自行降解性能好，不需进行工作量大的回收，在环境中自行消纳，入土可松土、肥土，在一定原料组分下，还可作为鱼类、家禽的食料，是最环保的餐具。

但是，这类餐具在原材料的获取及性能方面，也存在一些需要认真加以解决的问题：①农作物纤维中的残留农药、粪便、灰尘和附在其上的细菌霉菌，使人担心在大规模生产中安全性和卫生性难以保证；②较易吸潮，在潮湿的环境中可能霉变；③柔韧性差，跌落强度差，在盛装热水、热油状态下，黏合强度差，脆性大，手端时稍用力产品易碎裂；④外观较粗糙，色泽带黄；⑤由于原材料柔韧性不好，脆性较大，故制成餐具产品的壁较厚，单重较大，运输成本高。

2. 制作工艺

植物纤维餐具的生产工艺一般可分为主材选择、主料预处理、配料搅拌、计量称重、热压成型、表面喷淋、烘干消毒和包装入库等 8 个部分。其工艺流程如图 3-7 所示。

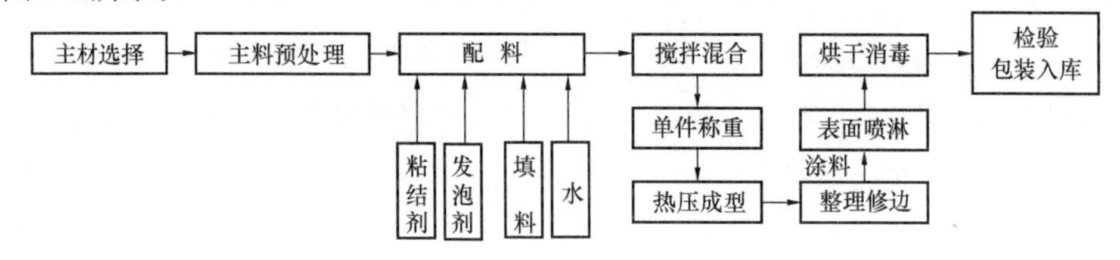

图 3-7　全降解植物餐具工艺流程图

3. 存在问题的解决途径

(1) 强度和脆性

提高跌落强度和减小脆性的主要途径有：

1）选好主材料。植物纤维餐具的主材料有多种，应选择韧性好、纤维长的作为原料的主材料。我国幅员辽阔，南方、北方可根据资源情况分别选择。实践证明：芦苇、甘蔗渣、竹材等较稻草、秸秆作为主材料做出的餐具强度高、脆性小。粘接剂的选择对制品的强度也有影响，除以玉米淀粉为主外，还可加入少量粘接性很强的改性 VAE 共浆液。

2）采用发泡工艺。加入发泡剂，在热压成形时，利用型腔的压力和密封，进行高温发泡，使餐具在保证内外壁光滑的前提下，在内外壁之间形成中空蜂窝状，使纤维在其中形成均匀分布的网络，提高了韧性和强度，同时也减轻了产品单件的重量。

（2）安全性和卫生性

植物纤维餐具要达到 GB 18006.1—2009 规定的各项卫生指标，关键是进行主料的预处理，通过在石灰池中浸泡、粉碎漂白、高温蒸煮、密封烘干等一系列严格处理后，制成纤维板。在配料搅拌时，再将纤维板高速粉碎成长短不等的棉花丝状的纤维。在后续热压成型和烘干消毒工序中，利用高温和紫外线灭菌消毒。热压成型工艺最高温度为 230～250℃，时间为 25～30s；烘干最高温度为180℃，时间约 15min。

（3）防水防油防渗漏性能

这一性能是餐具的必备性能。早期植物纤维餐具采用骨胶做粘结防水剂，也有用聚乙烯淋膜做防水剂的，但均不耐高温，在 120℃以上的油温，几分钟之内就会渗漏；而且聚乙烯膜不降解，也影响了餐具的降解性能。

现在采用的防水防油剂——改性 VAE 具备了 3 个性能：①无毒，可用离心方法喷淋在餐具内表面上；②可降解，当吸满水完全饱和后即可降解；③耐高温，即使盛装温度为 120℃的热油和沸烫的水也可在 2～3h 内不渗漏，保证餐具安全使用。

（4）外观和成形性

外观和成形性能包括颜色、光亮度、形状、壁厚等，这些性能除颜色（白度）依靠预处理和配料成分（如用骨胶做粘结剂，餐具就呈黑黄色）外，均是在关键的热压成形工序中实现的。

早期植物纤维餐具的热压成形系采用吨位较大的油压机，在高压、低温、不发泡等条件下完成的。现在使用的成形机压力小、价格低、机械传动、成形时需发泡。设备除上下模具外，设置了时间继电器和温度控制器。成形的条件是低压(8kg左右)、高温（230～250℃)、短时（25～30s)。餐具成形后内外壁光滑，壁厚可控制在1.2（边）～1.8（底）mm。

（5）降解性能

植物纤维餐具具有优良的降解性能，系全降解餐具，但如采用非天然材料做粘合剂和其他添加剂，则会降低餐具的降解性。

经过几年奋发努力，具有中国特色的全降解植物纤维模塑餐具已日趋成熟，产品质量和竞争力日益提高。重庆青天环保材料有限公司生产的植物纤维餐饮具（发泡型）是这一行业的后起之秀。该产品已通过技术监督部门和疾病预防控制部门的检测，其产品各项性能指标和卫生指标均符合GB 18006.1—2009所规定的一次性可降解餐具技术标准。其中，白度为90；餐具壁厚为1.2（边）～1.8mm（底），单件重量只较同容积纸浆模塑餐具重1/3，单件价格又比同容积纸浆模塑餐具便宜1/3；具有很好的强度、防水防油防渗漏能力，从3～5m高处跌落不破损，盛热油3h不渗漏；具有很好的降解性能，在土中润湿及厌氧掩埋下40天可完全分解，在静水中浸泡3～4h软化，24h可完全分解。该公司自行设计和制造了10万只/d的全套植物纤维餐具的生产设备，价格低廉，易于推广。在2003年元月，国家经委等6部委召开的国际投资及融资合作项目洽谈会上，产品受到美、港、台、新加坡等10余个公司的青睐，纷纷表示了投资的愿望。

为推广环保型的餐饮具，政府应进一步对非环保的餐饮具实行严格的禁止或回收政策，形成一种公正合理的市场竞争机制，这是对各类环保型餐饮具最有力的支持，也是生产环保餐饮具厂商的强烈要求。

3.4.4 利用植物纤维性废弃物造纸的技术

植物纤维是地球大陆上最重要的可再生资源，而造纸工业是人类大规模利用植物纤维的重要产业。我国的森林资源比较缺乏，远远不能满足造纸工业的需要。我国是一个以非木材纤维原料造纸为主的国家，由于多数草类纤维原料资源分散，难于集中，只能办一些规模较小的机浆造纸厂，特别是由于草类纤维原料只能加工生产一般的印刷书写纸，包装纸板等。

1. 造纸原料的开发利用

植物纤维原料是造纸工业发展的物质基础，它的纤维长度、种类、特性对纸张的品种、质量、印刷性能等起到决定性的作用。

目前，造纸上利用的主要植物纤维原料可分为五大类：

(1) 针叶木材：常用的有落叶松、红松、沙松、马尾松、云南松、樟子松等；

(2) 阔叶木材：如杨、桦、桉、榆等；

(3) 禾草类植物：如竹子、芦苇、稻草、麦草、芒秆、荻、小叶樟、龙须草、蔗渣、高粱秆等；

(4) 韧皮纤维：如大麻、亚麻、苎麻、黄麻、洋麻、檀皮、构皮、三極皮、桑皮、棉秆皮等；

(5) 种子毛纤维：如棉花等。

2. 有机废弃物用于造纸的现状

(1) 蔗渣

蔗渣的潜力很大，要是世界上的蔗渣全用于制浆，蔗渣浆的年产量将超过1800万t，相当于1972年世界纸浆总产量的60%。目前，全世界已有22个国家生产蔗渣浆，工厂规模小的为日产10t，大的为日产250t。一些大型的日产200～350t风干漂白商用蔗渣浆工厂正在秘鲁、墨西哥、古巴、菲律宾、澳大利亚、美国夏威夷、加勒比地区和南非兴建。1973年，世界蔗渣浆年产量已超过100万t。目前，由于发展了蔗渣高效率散堆贮存法，使得蔗渣制浆总成本大幅度下降，而且蔗渣制浆技术水平已能和制木浆相提并论，可以生产许多不同种类的蔗渣浆，如制造绝缘板的高收率机械浆和制造高级纸的高质量、高白度的漂白蔗渣浆。用蔗渣浆工业规模生产新闻纸的技术也已研制成功，秘鲁筹建了世界上第一个生产蔗渣新闻纸的工厂。

(2) 麦秸和稻草

麦秸和稻草是所有非木材植物资源中最为丰富的。估计全世界每年可收集10亿t麦秸和稻草。即使只用其10%制浆，就可生产3000万t纸浆，相当于1972年世界纸浆总产量的24%。现在，世界上有35个国家生产草浆。全世界草浆年产量为136万t，与其资源的潜力相比，仍是微不足道的。大量使用麦秸和稻草的关键在于寻找收集、处理、运输和贮存的更为经济的方法，以便使草类到达工厂的成本大大降低。此外对于草浆废液的处理在技术上也需要有所突破。我国造纸用的主要植物资源分布和使用情况见表3-4。

我国造纸用的主要植物资源分布和使用情况　　表3-4

植物种类	年产量/（万t）	造纸用量/（万t）	造纸用量占总产量（%）	产地
芦苇＋荻	170	150	88.4	湖南、湖北、辽宁、吉林、黑龙江、新疆、江苏、江西、安徽、河北
稻草＋麦草（商品量约占7%）	20000	940	67	中南地区、陕西、华东、华北
蔗渣	1000	64.3	6.4	广西、广东
棉秆	1000	10	1.0	河南、山东、河北
龙须草	10	4	40.0	湖北、云南、贵州、福建、陕西
针阔叶木材	约2亿m^3	542万m^3	18.1	福建、广东、广西、黑龙江、吉林、湖南

3.5 工厂化有机废弃物的其他利用

随着塑料工业的发展，废旧塑料的回收加工与应用显得越来来越重要。将其回收利用不仅可减少环境问题，更具积极的经济价值和社会效益。利用被废弃的动植物油、食用油及地沟油生产生物柴油，不仅解决了废弃物对环境的污染，而且节约了能源，减少了大气中温室气体的浓度，对改善人类的生存环境，实现我国经济的可持续发展，都具有重要的意义。本节主要介绍废旧塑料造粒技术、废旧塑料裂解产油技术及高油脂废物制取生物柴油技术。

3.5.1 废旧塑料的回收与综合利用

3.5.1.1 废旧塑料的回收

1. 废塑料的来源

（1）塑料的生产、消费和使用

塑料的种类不同，其制品的性能和成型工艺也就不同，造成废旧料的利用也各异。所以有必要先了解塑料的种类。

1）热塑性塑料与热固性塑料。按受热所呈现的基本行为可将塑料分为热塑性塑料和热固性塑料。

热塑性塑料是指在特定温度范围内，能反复加热软化和冷却硬化的塑料。如聚乙烯（Polyethylene，PE）、聚丙烯（Polypropylene，PP）、聚苯丙烯（Polystyrene，PS）、聚氯乙烯（Polyvinyl Chloride，PVC）、聚对苯二甲酸乙二醇酯（PET）等。这些材料是回收利用的重点。

热固性塑料是指受热后能成为不熔不溶性的物质的塑料。受热时发生化学变化使线形分子结构的树脂转变为三维网状结构的高分子化合物，再次受热时就不再具有可塑性，不能通过热塑而再生利用，如酚醛树脂、环氧树脂、氨基树脂等。再以15%～30%的比例，作为填充料掺加到新树脂中，所得的制品其物化性能无显著变化。

2）通用塑料、工程塑料及功能塑料。按塑料的物理-力学性能和使用特性可分为通用塑料、工程塑料和功能塑料。

通用塑料的产量大，价格低，性能一般，是目前塑料垃圾的主要组成部分。它主要有聚乙烯（Polyethylene，PE）、聚丙烯（Polypropylene，PP）、聚苯丙烯（Polystyrene，PS）、聚氯乙烯（Polyvinyl Chloride，PVC）、酚醛树脂（Phenol Formaldehyde，PF）和氨基树脂等。

工程塑料一般是指可以作为结构材料，能在较广的温度范围内承受机械应力和较为苛刻的化学物理环境中使用的材料，如聚酰胺（Polyamide，PA）、聚甲醛（Polyoxymethylene，POM）、聚碳酸酯（Polycarbonate，PC）、聚砜（Polysulfone，PSF）等。

功能塑料是指人们用于特种环境的具有特种功能的塑料。如医用塑料、光敏塑料等。

（2）产业系统的废塑料

在塑料制品的生产和加工中不可避免会出现废品、边角料、实验料等。如注塑成型时产生的飞边、流道和浇口；热压成型和压延成型产生的切边料；中空制品成型的飞边；机械加工成型时的切屑等。这些废料由于品种单一，品质均匀，较少被污染，便于回收利用。一般分门别类破碎，然后按适当比例（依据对制品性能的影响情况决定掺用配比）加到同品种的新料中再加工成型。

(3) 使用和消费系统中的废塑料

在使用、消费和流通过程中产生的废塑料是废旧塑料的主要来源，也是研究回收利用方法的基本点。从我国目前回收利用这类废塑料的情况看，与其说再利用困难，不如说回收的工作更难。

从国内塑料制品的消费领域来看，以农膜为主体的农用塑料、包装用塑料、塑料日用品三大领域是废塑料的主要来源途径。以全国塑料制品总产量为基数，20 世纪 90 年代初各大类塑料制品所占的比例约为：包装用塑料制品占 27%，塑料日用品占 25%，农用塑料约占 20%，此 3 类塑料制品合计占 72%。仅农用薄膜与棚膜专项制品就占塑料制品总量的 11%左右。在包装材料中四大热塑性塑料制品所占比例分别为 PE6 55%、PS 10%、PVC 6%、其他 10%。按制品形状或用途划分，包装材料中的塑料袋、膜类约占 36%，瓶类占 25%，杯、桶、盒等容器、器皿约占 22%，其他占 17%。

相对而言，回收废旧塑料制品有两大难点。一是农用薄膜的回收。它用量大、分布广、回收难，残留在土壤中的塑料薄膜对农田危害严重。二是日用杂品或家庭消费塑料制品的回收。这些制品的塑料品种多，且废旧塑料品与其他生活垃圾混杂为城市垃圾，其分离及回收工作难度大。可操作措施是应当立足于实施家庭废旧塑料专用分类垃圾袋并与经济效益挂钩，实施从立法到奖励相结合的措施。另外，塑料和塑料制品生产厂家应该在产品上依照世界通用标记标明塑料的种类，以方便对废塑料的回收利用。

(4) 农业领域中的废塑料制品

我国农用塑料占塑料制品的比重较大，现阶段每年的塑料制品中仅农用薄膜就占 15%左右，还在逐年上升。

在农业领域中塑料制品的应用主要在四个方面：①农用地膜和棚膜；②编织袋，如化肥、种子、粮食的包装编织袋等；③农用水利管件，包括硬质和软质排水、输水管道；④塑料绳索和网具。上述塑料制品的树脂品种多为聚乙烯树脂（如地膜和水管、绳索与网具），其次为聚丙烯树脂（如编织袋），还有聚氯乙烯树脂（如排水软管、棚膜）。在诸多农业用塑料制品中，回收难度较大的是农用地膜。一是农膜质量差、超薄膜用后难回收。二是回收农膜的收购价格过低。回收废旧农用塑料行之有效的一个措施可能是“经济杠杆作用”，即调高废旧农用塑料的收购价，如果重量相同、农用膜废旧品价格应高于其他废旧塑料制品的收购价，以鼓励农民积极回收废旧农用膜。

（5）商业部门的废塑料制品

商业部门的塑料制品的废弃物至少表现在两大方面。一个是经销部门，这类部门可回收的塑料制品大都为一次性包装材料，如包装袋、打捆绳、防震泡沫塑料、包装箱、隔层板等。此类塑料制品种类较多，但基本无污染，回收后通过分类即可再生处理。另一个部门是消费中废弃的塑料制品，如旅店、旅游区、饭店、咖啡厅、舞厅、火车、汽车、飞机、轮船等客运中出现的食品盒、饮料瓶、包装袋、盘、碟、容器等塑料杂品。这类制品一般均使用过，有污染物。它们除分类回收外，还需进行清洗等处理。这类商业销售部门和经销部门的废弃塑料制品回收工作，主要应放在强化管理、制定强制性措施上，把回收废弃物与防治环境污染等同看待。同时要采取积极措施，如统一使用收集废弃物的垃圾袋，制定、组织一系列回收、运送、处理、再生的系统。将商业部门的塑料废弃物在作为城市垃圾之前分拣出来，不仅能减轻处理城市垃圾的费用和负担，同时也为有效地处理废塑料提供了良好的条件。

（6）家庭日用中的废塑料制品

日常生活中所用塑料制品占整个塑料制品的比重较大，而且比率越来越大。通常，这些日用品可分为 3 种：①包装材料。如包装袋、包装盒、家用电器的 PS 泡沫塑料减震材料、包装绳等；②一次性塑料制品。如饮料瓶、牛奶袋、罐、盆等；③非一次性用品。如各类器皿、塑料鞋、灯具、文具、炊具、化妆用具等。日常塑料制品所用树脂品种多，除四大通用树脂外，还有聚酯（PET）、ABS、尼龙等，回收的难度更大。可以采用的措施有：①做好宣传教育，利用广播、电视、报刊、广告等宣传媒体，讲清回收废旧塑料的社会效益和经济效益，讲明废塑料对环境的污染和危害作用，使回收日用废旧塑料成为全民的自觉行动；②宣传教育可使强制性的法规成为有觉悟人的自觉行为规范，对于那些不自觉的人又可迫使其成为守法的公民；③充分利用市场经济规律，适当提高废塑料的收购价格，使公民能得到一定的经济效益，提高回收的积极性。

2. 回收处理废塑料的迫切性和意义

塑料一般指以天然或合成的高分子化合物为基本成分，可在一定条件下塑化成型，而产品最终形状能保持不变的固体材料。在塑料的生产、消费途径（单体聚合成树脂，再加工成为制品，然后进入流通和消费诸环节）的每个环节中，都会产生废料和废旧制品。其中与人们的日常生活密切相关的有大量的废旧包装用塑料膜、塑料袋和一次性塑料餐具（统称为塑料包装物）以及使用后的地膜，这些废弃塑料被称为“白色污染”。

据有关材料介绍，全世界塑料产量1998年已达到1.5亿t，比1990年增长51%。我国1998年塑料原料产量约676万t，进口量800多万t，塑料制品产量近1600万t，比1990年产量增长3倍多，成为世界上塑料制品生产第二大国。

据有关部门统计1998年国内包装塑料近400万t（包括自我配套用的在内），其中难以回收利用的一次性包装材料以30%计，则每年产生的塑料包装废弃物约120万t，塑料地膜产量40多万t，一次性塑料日用杂品及医疗卫生用品40多万t，综合上述各项，塑料垃圾年产量达200多万t。

如此大量的废旧塑料的出现应引起人们的高度重视，目前城市生活垃圾的处理方式主要有填埋、焚烧、堆肥三种方式，而适于废旧塑料处理方式的只有焚烧和填埋。一般的废塑料不易分解，如果填埋处理，其进入土壤之后，长期不腐烂，占用大量土地资源，而且影响土壤的通透性和渗水性，因而破坏土质，严重危害植物的生长，降低土地的使用价值，带来长期的深层次的环境问题。焚烧处理塑料垃圾，如果处理不妥，会释放出多种有害的化学物质，对大气造成二次污染，例如二噁英、氯化氢、氰等。

回收利用废旧塑料具有非常重要的经济和社会意义：其一，解决环境污染问题，保护生态。其二，充分利用自然资源。回收废旧塑料，是资源的再利用，具有广阔的开发利用前景。

3. 废塑料回收利用及处理技术

（1）通用热塑性树脂再利用

聚乙烯（PE）、聚丙烯（PP）和聚苯乙烯（PS）等热塑性废塑料被用于①土木工程及建筑材料，例如用于合成木材、进人孔盖、仿真木材和作物支架。加拿大和日本今年兴起用废塑料制仿木制品的开发。如加拿大协德技术公司开发的仿木技术，可用废塑料袋、瓶、膜等垃圾，经粉碎、搅拌、加工后直接生产出比木板强度高，不怕风吹日晒，不怕腐蚀虫蛀的板材，适于做露天桌凳、吊板、屋顶、高速公路隔音板、路边支柱、下水道井盖等。日本爱因工程有限公司则开发成功利用废塑料和木屑各约一半制成的超级复合木材，性能比前者更好，用途更广，我国天津市正引进建厂；②农业和渔业中使用的材料；③各种产品例如容器、盒式磁带盒和玩具中的材料。即使是混合的热塑性树脂，只要其成分比是稳定的，也可以按照其性质用于各种产品中。

如果废塑料按照颜色和树脂类型恰当地分类，则可以把它们加工，制成要作为模塑树脂常用材料用的粒料、絮状物和颗粒。在这种情况下，这样的树脂与新合成的树脂混合用于产品中，该产品在功能上类似于用来提取废塑料的原产品。

在很多情况下，这种再循环类型也能应用于树脂生产工艺中作为无规则物产生的、未使用过的工业废物，或者那些在树脂模塑及加工工艺中作为边角料产生的废物。

1）聚苯乙烯。日本1996年的聚苯乙烯产量达到22.5万t。其中，理论上可以再循环的18万t用于容器、家用容器包装等，其余4.5万t出口或用于耐用商品中。这18万t中，28.7%或5.2万t被再循环。这个再循环数量中，53.5%是作为要用来在国外制造再循环产品的锭材出口的，20.7%被加工成粒料和再循环，21.5%被粉碎和再循环，4.5%被用来作为能源。再循环的发泡聚苯乙烯用来制作形形色色的日用品，例如文具商品和盒式磁带盒。

2）农用聚氢乙烯膜。日本1997年的农用塑料膜的使用面积约为24万公顷，产生的废塑料量为18万t。其中58%的10.5万t为聚氢乙烯膜，7.5万t为聚乙烯膜。用于温室的塑料膜的使用年数为3～4年，农用聚乙烯膜为4～5年，聚酯薄膜为7～10年，氟化膜为10～15年。农用聚氢乙烯膜是最早被回收再利用的，有45%被制成塑料砖瓦或鞋底（与合成橡胶混合使用）。

3）酯瓶（PET瓶）再循环。PET瓶因其良好的隔气性、透明性和重量轻等特点，逐渐替代了玻璃瓶。日本1998年的回收再利用率达到了32万t，占比16.9%。1997年的再资源化商品中，72%为衬衫、地毯等纤维制品；13%为包装箱中的隔离材料、文具等的垫材；9%为洗发液容器等制品。美国对使用过的

PET单独回收后，在再生处理厂加工成鳞片状或颗粒状，用于纤维填充物、隔热材料、成塑制品（汽车外壳、手柄、开关等）。从目前来看，纤维制品方面的再利用是主流。今后，可使用再生PET树脂的商品的开发成为迫切课题。

4）化学品再循环。系指废塑料在使其还原成单体或使其液化——气化之后用来作为石油化工原材料。例如，在日本，关于聚苯乙烯（PS）和聚甲基丙烯酸甲酯（PMMA）生产工艺中产生的副产品单体的再循环工艺已经确定。关于来自聚酯和尼龙等纺织产品的单体的再循环，正在进行研究。聚烯烃塑料再循环的研究也正在进行中。近期目标是通过热分解使聚烯烃塑料液化，并使之以燃料油形式回收。

用过的塑料作为原材料的用途仍处于实验阶段。其成功取决于大量经过仔细分类的废塑料的稳定供应，和使再循环材料能与新合成材料竞争的技术的开发。

（2）废塑料用作高炉中的还原剂

人们正在研发用磨碎的废塑料代替焦炭和粉煤从生产铁水的高炉底部进料作矿石还原剂的方法。这种方法在德国已经得到了应用。首户使用者不莱梅钢铁厂从1995年开始试喷，在DSD公司的支持下已达9万t/a，其他钢铁公司也开始试喷。由于需求量扩大，德国混合废塑料出口已由1995年的25.5万t减少到1997年的4万t并在1999年停止出口。

在日本，钢材制造商已经开始使用这种方法进行实验。如在高炉喷吹方面NKK公司学习德国经验，于1997年在京洪钢铁厂40.93m^3高炉建成年产3万t产业废塑料造粒装置并按200kg/t试喷成功，日本钢铁联盟予以充分肯定，在2010年节能、减废企业自主行动规划中规定全行业2010年喷吹100万t，约合钢铁能耗的2%。

NKK于1998年发展了农用薄膜喷吹并新建年产3万t的造粒装置，1999年又在福山厂新建含氯废塑料的脱氯和造粒工试装置，既可保证高炉烟气二噁英达标（不莱梅钢厂控制含氯废塑料<2%则达标，日本含氯废塑料多需要单独处理），又可将氯以盐酸回收作冷加工厂酸洗用。

之后是新日铁公司将废塑料用于炼焦，于1998年在君津钢厂的焦炉上进行了工业性试验。废塑料经分类、破碎和压缩成块后与煤混合，可取代1%的原煤。在该过程中废塑料进行热分解反应发生碳化，生成焦炭、焦油和气态物质。

君津钢厂和名古屋钢厂已实施了废塑料焦炉原料化。神户制钢所于 1999 年秋将塑料用于发电，加左川钢厂自备电厂把废塑料作为燃料使用。2000 年 2 月在同厂的 3 号高炉上也实施了用废塑料炼铁，两者合计废塑料的使用量每年约 1.7 万 t。

这种方法的主要优点在于废塑料可以用于以高炉为基础的现行钢材制造设施。作为预处理，废塑料只需加工到能将其进料投到高炉中即可。目前，这种方法看来是以聚氯乙烯之外的混合塑料为基础的。希望这种方法不仅能应用于工业废物中的塑料，而且也能应用于一般废物中的塑料。目前各大企业正在进行研究与开发，以减少该废物的氯乙烯成分或其再循环时产生的氯。

(3) 废塑料的热再循环

热再循环系指当废塑料等可燃废物在焚烧炉中燃烧时所产生的热量用于供热或发电之目的。当按塑料类型分类收集有困难时，这能有效地节省资源。

将废塑料作为燃料有两种做法，一种是直接燃用。例如将废塑料和废弃轮胎，作为粉煤的一种替代物，直接从喷煤孔上方开孔喷废塑料粒，用来作为水泥窑中的一种热源，减少了辅料的使用。这种技术可以应用于混合塑料。

废塑料的焚烧需要专门的燃烧装置，目前已研制成功的有床式燃烧炉、浮游燃烧炉、流动床式燃烧炉。此项技术的特点是：①各类塑料燃烧后可能会产生大气污染，如 PVC 燃烧了产生氯化氢（HCl）、PAN（聚丙烯腈）燃烧可产生氰化氢（HCN）等；②此项技术的投资较高，专用燃烧装置的一次性投资大。

直接燃用的例子有：日本德山公司水泥厂于 1996 年开始用六种不含氯的废塑料粒代替煤来燃用。每千克废塑料可替代煤 1.3kg。在上述试烧成功的基础上，该公司于 1998 年 1 月始建年产 1 万 t 废塑料薄膜片（<3cm）制造装置在水泥回转窑大量试用，若试烧顺利则可代替 30%的煤。为扩大应用含氯废塑料，在氯乙烯塑料协会配合下于当年秋天投资 3.5 亿日元在山口水泥厂建年产 500t 废塑料脱氯实验装置，回收盐酸以生产氯乙烯单体。

大城市具有通过焚烧与其他可燃废物组合的塑料来发电的能力（用这种方式发生的热量产生高压蒸汽来驱动涡轮机）。中小城市无法建立焚烧装置，因为在其收集区域范围内收集的废物量太少。这个问题的一个解决办法是确定适当的收集区域，然后建设覆盖这些区域的中间加工设施，从而使在这样的设施上加工的废物能用来作为一种发电燃料。

这种通过中间加工而成的废物燃料即为另一种焚烧废塑料的方法——生产垃圾固体燃料（RDF），进而回收能源。RDF由美国开发，以混合废塑料为主，掺入果壳、木屑、纤维和污水处理后的污泥等可燃垃圾，并加入少量石灰混合压制为平均发热量为4500～5000kCal/kg和粒度整齐的RDF，这样既稀释了燃料中的含氯量，又便于保存，运输和燃烧，有助于焚烧发电站的规模化。美国垃圾焚烧发电站171处中烧RDF的即达37处，发电效率在30%以上，比直接烧垃圾高50%左右。日本学习美国经验，1995年后大力发展RDF，现用于制RDF的废塑料约8万t，制品多用于烧锅炉，亦用于烧水泥，不仅替代了煤，而且灰分变成水泥的有用组分。

（4）其他废塑料再生新技术

1）用混合废塑料制造代木制品。1997年11月资源综合利用展览会上展出的海南科技实业公司开发成功的混塑板材项目，可利用混合废塑料和破布烂麻等纤维垃圾，不分选、不清洗，利用特有的技术装备，形成“泥石流效应”，经初级混炼、混熔造粒、混合配方、混熔挤出、压延、冷却加工为各种厚度和宽度的改性混塑板材，代替木材用于机床、设备等的包装箱板，并符合包装通用的设计条件，现已达年产1000t的规模，按0.9元/kg价收购混合废塑料的条件下资金利润率达30%以上。

2）废塑料油化。它是近年来发展起来的一种塑料再生利用技术，据媒体报道已有多处在试生产，其中规模较大的为北京宏基有机化工厂，已形成年产3000t和6000t各一套生产装置，在低价和无偿收集废塑料的条件下略有盈利，但受废塑料不能稳定供应的影响，生产还不够正常。目前有很多油化技术的专利，需要进一步考察其经济技术可行性。

3.5.1.2 废旧塑料造粒技术

塑料是广泛使用的高分子材料，由高聚物（树脂）及助剂两大部分组成，不同种类或不同相对分子质量的高聚物构成的塑料性能不同，同一高聚物因所加助剂的不同而得到的塑料性能也不同。

塑料材料的种类较多，根据塑料材料受热后的表现可将塑料分为热塑性塑料和热固性塑料两类，热塑性塑料是在整个特征温度范围内，能够反复地加热熔化和冷却固化的塑料，而热固性塑料则是经加热或其他方法固化以后基本不能熔化也不能溶解的塑料。常用的热塑性塑料有聚乙烯、聚氯乙烯、聚丙烯、聚苯乙烯等，常见的热固性塑料则有酚醛塑料、不饱和聚酯塑料、环氧塑料等。因热固性塑料经成型加工为制品后，不能熔融也不能溶解，故废旧的热固性塑料一般经粉碎、研磨后仅能作为填料使用，废旧热塑性塑料制品可通过熔融塑化而再生利用。

1. 回收造粒工艺

废旧塑料的再生技术可分为简单再生和改性再生两大类。简单再生指回收的废旧塑料制品经过分类、清洗、破碎、造粒后直接进行成型加工（图 3-8 途径①），或是塑料制品加工厂的过渡料或产生的边角料，经过适当添加剂的配合、再成型的利用（图 3-8 途径②）。这类再生利用的工艺路线比较简单且表现为直接处理和成型。改性再生利用指将再生料通过机械共混或化学接枝进行改性的技术，如增韧、增强、并用、复合，活化粒子填充的共混改性，或交联、接枝、氯化等化学改性，经过改性的再生制品其力学性能得到改善，可以做档次较高的再生制品，但改性再生利用的工艺路线较复杂，有的需要特定的机械设备。塑料再生造粒基本工艺路线如图 3-8 所示：

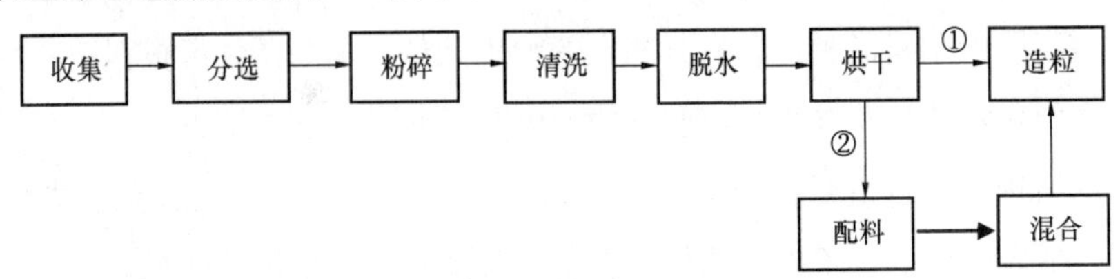

图 3-8 塑料再生造粒基本工艺路线

（1）造粒前的处理

在生产过程中产生的边角料或试车时产生的废料，不含杂质，可以直接粉碎、造粒，进行回收利用。使用过的废旧塑料的回收，须进行分选和除去杂质及附着在薄膜表面的灰尘、油渍、颜料等其他物质。

收集到的废旧塑料需要剪切或研磨粉碎成易处理的碎片。粉碎设备有干式和湿式之分。

清洗的目的是除去附着在废旧表面上的其他物质，使最终的回收料有较高的纯度和较好的性能。通常用清水清洗，用搅拌的方法使附着在表面的其他物质脱落。对附着力较强的油渍、油墨、颜料等，可用热水清洗或使用洗涤剂清洗。在选用洗涤剂时，应考虑塑料材料的耐化学药品性及耐溶剂性，避免洗涤剂损害塑料性能。

经清洗后的塑料碎片含有大量水分，必须脱水，脱水方法主要有筛网脱水和离心过滤脱水。

经脱水处理的塑料碎片仍然含有一定水分，必须进行烘干处理，特别是易发生水解的 PC、PET 等树脂必须严格干燥。烘干通常使用热风干燥器或加热器进行。

（2）造粒的方式

废旧塑料经过分选、清洗、破碎、干燥（配料、混合）等处理后，即可进行塑炼造粒。

塑炼的目的是为了改变物料的性质和状态，借助于加热和剪切力的作用使聚合物熔化、混合，同时驱出其中的挥发物，使混合物各组分分散更趋均匀，并使混合物达到适当的柔软度和可塑性。塑炼在聚合物流动温度以上和较大的剪切速率下进行，有可能造成聚合物分子的热降解、力降解、氧化降解而降低其质量，因此，对不同的塑料品种应各有其相宜的塑炼条件。塑炼条件可根据塑料配方大体拟定，但仍需依靠实验来决定塑炼的温度和时间。

塑炼所用的设备主要有开炼机、密炼机和挤出机等，物料在热、力的作用下，应形成塑化良好、不发生或极少发生热分解的均匀熔体。

热塑性物料的造粒可分冷切法和热切法两大类。

1）冷切法。①拉片冷切：通过捏合机或密炼机的物料经开炼机塑炼成片，冷却后切粒。所用的切粒设备为平板切粒机。一定宽度的料片进入平板切粒机，经上、下圆辊刀纵向切割成条状，然后通过上、下侧梳板经压料辊送入回转甩刀与固定底刀之间，横向切断成颗粒状。粒料经过筛斗，将长条及连粒筛去，落入料斗，风送至贮料斗。②挤片冷切：捏合好的物料经挤出机塑化，挤出成片再经风冷或自然冷却后进平板切粒机切粒。③挤条冷切：挤条冷切是热塑性塑料最普遍采用的造粒方法，设备和工艺都较简单。物料经挤出机塑化成圆条状挤出，圆条经风冷或水冷后，通过切粒机切成圆柱形颗粒。圆条切粒机的结构比平板切粒机少一对圆辊刀，主要部件是固定底刀和2～8片回转刀。

2）热切法。此法是指切粒机旋转的切刀紧贴于机头模板上，直接将刚挤出的热圆条物料切成粒料，然后冷却，包括：①干热切：将旋转的切刀紧贴在机头模板上，直接将挤出的热圆条状料切成粒料。②水下热切：它是聚烯烃塑料造粒的一种新技术，机头和切刀在循环温水中进行工作。③空中热切：空中热切和干热切相似，为了防止颗粒粘结，在切粒罩内通过鼓冷风或喷淋温水冷却粒料。前者称为风冷热切，后者称为水冷热切。

拉片冷切、挤片冷切得到方形粒料，目前多用挤出机塑化物料挤条冷切或热切，设备和工艺的选择须考虑废旧塑料形态及性能，易热氧化的聚烯烃废旧塑料不宜采用干热切和风冷热切。若采用单螺杆挤出机，结晶型塑料应选用突变型螺杆挤出机，而非结晶塑料应采用渐变型螺杆挤出机。若采用双螺杆挤出机，以螺杆反向旋转式塑炼为好。

（3）注意事项

1）采用排气式挤出机：无论使用单螺杆挤出机还是双螺杆挤出机都应是排气式的，尤其是在回收料中含有一定量的水分、易分解和易挥发成分时，其水分和挥发成分得以及时由螺杆挤出机内排出。

2）熔体过滤：获得高质量的再生粒料需进行熔体过滤，以清除其中的杂质。熔体的过滤装置可采用间歇或连续过滤网设备。间歇式更换网时需中断熔体流动，对热切造粒有不利影响。

2. 造粒常见异常情况及解决方法

挤出造粒方法因塑化而产生的不正常现象、原因及解决方法与干热切粒相同，因切粒而产生的需另作考虑。如水冷切粒时，颗粒水温度高，不能很好地冷却产品粒子，易产生粒子粘连或粘刀，导致拖尾粒子和碎片的产生。颗粒水温度过低，使产品粒子的光洁度变差，粒子不饱满，同时还会使物料变硬，也易产生拖尾粒子和碎屑。拉条冷却切粒，过冷的料条易碎并易损坏切刀。

3. 能耗成本的降低

节约能源、降低成本，要得到单位重量的合格再生粒料所消耗的能量最小的效果，就会涉及回收再生的每一环节。

（1）选择合适工艺路线、合理设备

合适的工艺路线可减少工序、便于操作、提高粒料合格率。

例如：目前，废旧薄膜再生造粒主要有两种工艺：湿法造粒工艺和干法造粒工艺。干法造粒省去了清洗和脱水，增加了分离除去杂质这一环节，目的是除去薄膜中含有的大量泥沙。干法造粒工艺若能开发经济可靠的杂质分离技术和切粒技术，将有较好效益。

含水挤出造粒技术研究，主要用于废弃的PE、PP、PVC、PS等塑料膜片的回收，加工、再利用，其设计工艺为废旧塑料分拣、破碎、离心水洗、除水、挤条、切料等，实现了机械化、连续化生产，解决了废旧塑料回收造粒需用人工多、占地面积大等问题。

聚合物的固相挤出是在较低温度下进行的一种强挤压及强剪切的操作，由于温度低于结晶熔点，固相挤出回收PET可以使其结晶更完善，具有更高的结晶速率和结晶度，并可以有效地减小加工过程中回收PET的降解，有利于提高材料的力学性能。由于造粒温度较低，节省了能源。

还可利用机械摩擦将废塑料加工成热塑性塑料，例如瑞士日内瓦的新塑料公司发明了一种方法，可将未经分拣的家庭废塑料加工成适合普通挤出机、注射机和压延机加工的热塑性塑料。这种被称作NPPOS的热塑性混料是混杂聚合物的固体混合物，在0～85℃温度下的弹性模量高于低密度聚乙烯。洗净的废塑料加入设在圆柱形桶上方的料斗内。桶内有一倾斜叶轮由一个220kW变速电动机带动旋转，当废塑料由于桶壁与叶轮间的摩擦作用而熔融时，驱动电动机上的负载会自动增大。热塑性塑料随之粉碎成微米大小粒子，均化后从桶底投卸出。

采用双螺杆挤出机比单螺杆挤出机混合塑化效果好、能耗低；对造粒机械的改进，使造粒机构体积小，结构简单，可靠性好，精度高，成本低，耗能量小，使用寿命长，也可降低能耗，提高再生料合格率。例如，通过对造粒机调刀系统的设计，保证了出料质量和切粒量的均匀性；对传动系统的设计，确保了压力流速稳定，挤出的条料粗细均匀、密实、连续；对热源的设计，节省电能，改善了操作人员的劳动环境。

（2）对造粒工艺的改进

整个造粒工艺流程科学合理，无污染且效率高；烘干时的干燥器或加热器产生的热风应循环使用；控制挤出熔融温度能得到均匀塑化熔体、满足造粒要求即可，过高温度将消耗过多能量且易使物料降解，造粒工艺条件控制合理，再生粒料合格率高。

（3）合理制定配方

采用各种共混、增强等改性方法，合理制定配方，通过提高再生粒料的性能而提高废旧塑料回收经济效益。

3.5.1.3 废旧塑料裂解产油技术

我国每年生产的塑料制品达400万t以上，如塑料薄膜、水泥、化肥、食糖包装袋、各种食品袋、快餐盒和包装挤压块、饮料瓶等，若回收60%，再利用可达240万t，可生产汽柴油168万t，创产值42亿元；机油8.4万t，创产值3.36亿元，两次合计45.36亿元，实现了变废为宝，发展经济，减少污染，节约能源的目的。

利用废旧塑料提炼汽油、柴油技术的操作规程解析如下。它工作在高温常压状态下，设有电子测温和压力报警系统，要求使用该设备时，严格按操作规程及技术要求操作，以防发生故障或影响出油率。生产过程分四个阶段。

1. 裂化（裂解釜）

裂化是经高温把塑料（高分子化合物）裂解成小分子化合物气体，经冷却聚合混合成油的过程，主要步骤为：

（1）选料。用于炼油的原料非常广泛，但是存在着杂质多、类别复杂等问题，所以装炉前要进行除杂、分类。类别大体可分成硬质塑料，如电线皮、电缆皮、聚丙烯编织袋、泡沫、农膜等几类，注意一炉装一类原料，这样能够有效地缩短炼油时间，使设备达到高效运转。

（2）冷却塔加冷却水。冷却水要从塔的下部进入上部流出，加至出水口出水为止。在裂化过程中要经常检查塔的上部温度，循环冷却水，使塔温不超过30℃。

（3）装料。①装料前关闭出渣口，出渣口的法兰盘和法兰之间加石棉垫子密封。②打开进料口，备好进料口法兰石棉垫子。③点火。用煤炭作火源，待温度达到60℃时，开始装料，如果一次不能装满，可分几次装。软质塑料如编织袋、农膜、方便袋等，每炉约装500kg；硬质塑料如电线皮、电缆皮等，一炉可装一吨。料装完后，重新放好石棉垫子，关闭进料口，检查各部分连接件密封是否良好。

（4）加温。把燃气火枪插入炉膛，打开燃气开关（注意常开），当裂解釜内温度升到260℃以上时，气体开始产生，并通过输气管把剩余废气再输送到炉膛火源处，并开始引燃。温度继续升高，此时，气量增大，塔底油箱有出油的声音。注意观察油面，待油面上升到规定位置，开始放油（为混合油）将混合油直接放到蒸馏釜或暂放在其他容器中。

（5）裂化。在裂化过程中要经常观察温度和压力变化情况，裂化温度不得超过390℃。裂解釜压力应该是零，有压力可能是催化室堵塞，处理的办法是降温或打开旁通阀门，待听不到出油声时停火。

（6）出渣。待炉温降到60℃时，打开出渣口出渣。所剩废渣即炭黑，可作为黑色原料，用于制造中国墨、油墨、油漆，也可作为橡胶的补强剂等。应千万注意，如果温度降不下来，千万不要打开出渣口，否则有爆燃的危险。

2. 蒸馏

蒸馏是把裂解出的混合油分离成汽油和柴油，主要步骤为：

（1）蒸馏釜中的混合油体积不准超过蒸馏釜容积的三分之一。

（2）冷却塔加水，加至出水口出水，蒸馏过程中，要注意冷却水循环，塔温不要超过30℃。

（3）点火升温

当温度升到40℃以上时开始有汽油馏出，随着温度的升高，馏出油量越来越大，到70℃时停止升温，稳定在70℃，待没有汽油馏出时，再继续升温，当温度升到160℃时，注意观察出油量，如果出现断流或流量明显变小，说明此时汽油已全部馏出。倒换流程再馏出的是柴油。继续升温到340℃，停止加温，待没有油馏出时停火。注意蒸馏釜内要留有少量油，不要蒸干。

3. 柴油萃取

柴油萃取的目的是提高产品质量，把柴油中的胶质萃取出来，解决柴油机冒黑烟及加速性差的问题。萃取在萃取塔中进行。

（1）萃取塔内加入萃取剂至规定位置。

（2）将蒸馏出的柴油加入塔内至规定位置。

（3）用杆泵循环，一次30min至1h，间隔2h后再循环一次，静止沉淀5h

可得高质量的成品油。

4. 汽油调和

因为汽油轻、沸点低，在裂化和蒸馏过程中会丢失部分C_4～C_6段的汽油，造成汽油机点火困难，需要调和。如加轻质汽油或英国产汽油添加剂，即可达到理想效果。

操作过程要严格防火。防火措施需经当地公安消防部门审批。采矿区及开山区在收购废旧塑料制品时，要严防雷管等爆炸物品混入裂解釜内。

3.5.2 高油脂废物制取生物柴油技术

1. 生物柴油定义

生物柴油也称生化柴油，它是由可再生的动植物油脂与甲醇（或乙醇）经酯交换反应而得到的长链脂肪酸甲（乙）酯，是一种可以代替普通柴油的可再生清洁燃料。20世纪90年代以来，美国、欧洲和日本就大力开展生物柴油，欧洲2001年已生产生物柴油超过100万t，我国也正在推进生物柴油的发展。

生物柴油的主要原料是天然植物油，大豆、油菜籽、油棕树甚至餐饮废油都可以用来炼制生物柴油，其资源不会枯竭。生物柴油的主要成分是脂肪酸甲酯(FAME)，性能与石油、柴油相近。

2. 生物柴油的特性

生物柴油具有以下特性。

（1）生物柴油比石化柴油具有相对较高的运动黏度，这使得生物柴油在不影响燃油雾化的情况下，更容易在汽缸内壁形成一层油膜，从而提高运动机件的润滑性，降低机件磨损。

（2）生物柴油的闪点较石化柴油高，有利于安全运输、储存。

（3）十六烷值较高，大于56（石化柴油为49），抗爆性能优于石化柴油。

（4）生物柴油含氧量高于石化柴油，可达10%，在燃烧过程中所需的氧气量较石化柴油少，燃烧、点火性能优于石化柴油。

（5）无毒性，而且生物分解性良好（98%），健康环保性能良好。除了供公交车、卡车等柴油机做替代燃料外，又可做海洋运输、水域动力设备、地下矿业设备、燃油发电厂等非道路用柴油机的替代燃料。

（6）不含芳香族烃类成分，因而不具致癌性，而且硫、铅、卤素等有害物质含量极少。

（7）无须改动柴油机，可直接添加使用，同时无需另添设加油设备、储存设备及人员的特殊技术训练。

（8）既可作为添加剂促进燃烧，又是燃料，具有双重效果。

（9）生物柴油也可以一定比例与石化柴油调和使用，可以降低油耗、提高动力性，并降低排放污染率。

（10）环境友好，采用生物柴油尾气中有毒有机物排放量仅为普通柴油的1/10，颗粒物为普通柴油的20%，CO_2和CO排放量仅为石油柴油的10%，混合生物柴油可将排放含硫物体积分数从5×10^{-4}降到5×10^{-6}。生物柴油和柴油的品质指标比较见表3-5。

生物柴油和常规柴油的品质指标比较　　**表3-5**

指标名称	生物柴油	常规柴油	指标名称	生物柴油	常规柴油
冷滤点(CFPP)			燃烧功效/%（柴油=100%）	104	100
夏季产品/℃	−10	0			
冬季产品/℃	−20	−20			
20℃的密度/($g\cdot mL^{-1}$)	0.88	0.8340	硫含量(质量分数)/%	＜0.001	＜0.2
40℃运动黏度/($mm^2\cdot s^{-1}$)	4～6	2～4	氧含量(体积分数)/%	10	0
闪点/℃	＞100	60	燃烧1kg燃料按化学计算法的最小空气耗量/kg	12.5	14.5
可燃性/十六烷值	最小56	最小49	水危害等级	1	2
热值/($MJ\cdot L^{-1}$)	32	35	三星期后的生物分解率/%	98	70

3. 生物柴油的发展现状

生物柴油含硫量很低，而且含氧量高、分解性能好、燃烧效率高，用于柴油车，尾气中的烟尘、SO_x和NO_x等均大幅下降，十分有利于减轻大气污染。近年来国外的生物柴油研发和推广发展很快。以美国为例，1999年生物柴油消费量仅9万加仑（约34万L），2000年和2001年则猛增至41.8万加仑（约158万L）和67.1万加仑（约254万L），原料主要为大豆油。目前生物柴油的成本较高，各国政府都在积极采取各种措施加以扶持。日本的“食品废弃物再生法”有力地推动了该国生物柴油的发展。2001年，日本成功开发了利用废弃食用油的生物柴油生产装置，日处理量1200L，回收率80%～85%。

我国已于2001年在河北邯郸建成年产1万t的生物柴油试验工厂。产品质量达到美国ASTM－1999标准。我国现有耕地12665亿m^2，若能用1%耕地生产高产油料作物，每平方米耕地的油料作物可生产1.13kg生物柴油，则生产规模可达到每年1500万t。以适量生物柴油，替代、节约部分石化柴油，适合我国国情，值得研究、开发、应用。

与石化柴油比较，当前发展生物柴油的主要问题是其生产成本较高，缺乏竞争力。可从以下几个方面着手改进：降低原料成本，如利用数量巨大的餐饮业废油以及大规模种植高油农林作物或培养高含油量的工程藻类等；降低生产成本，采用新的反应器如利用膜反应器、固定床反应器等；在催化剂的使用上，考虑使用固定化脂肪酶或应用全细胞生物催化剂，降低催化剂的成本。此外还需要国家的政策支持。

3.5.2.1 废弃的动物油脂制取生物柴油技术

以廉价的废动植物油为原料，通过技术创新和生产工艺的改进，以获取低成本高质量的生物柴油，是我国生物柴油生产技术的发展趋势。利用被废弃的动植物油生产生物柴油，不仅解决了废弃物对环境的污染，而且节约了能源，减少了大气中温室气体的浓度，对改善人类的生存环境，实现我国经济的可持续发展，都具有重要的意义。

1. 原理和方法

由于废动植物油是含有较多杂质的高酸值油脂，游离脂肪酸和水的含量也比较高，所以，用它来制备生物柴油，若使用碱作催化剂，高酸值废油脂中的游离脂肪酸会与碱发生皂化反应；若使用浓硫酸、对甲苯磺酸等酸类催化剂，则游离脂肪酸极易与甲醇发生脱水酯化反应，而脂肪酸甘油酯与甲醇几乎不发生酯基交换反应。所以，在生产过程中使用自制的DYD催化剂，它是以多组元SO_4^{2-}/M_xO_y型超强固体酸为主要成分，其代表性组分为$SO_4^{2-}/ZrO_2-TiO_2-SnO_2$。在DYD催化剂作用下，废动植物油与甲醇进行酯基交换反应：

$$\begin{matrix} CH_2OCOR_1 \\ | \\ CHOCOR_2 \\ | \\ CH_2OCOR_3 \end{matrix} + 3CH_3OH \xrightleftharpoons{\text{催化剂}} \begin{matrix} CH_2OH \\ | \\ CHOH \\ | \\ CH_2OH \end{matrix} + \begin{matrix} R_1COOCH_3 \\ R_2COOCH_3 \\ R_3COOCH_3 \end{matrix} \tag{3-5}$$

在油脂与甲醇进行的酯交换反应中，1mol 的油脂与 3mol 的甲醇反应，生成 3mol 的甲酯和 1mol 的甘油。如果油脂中含有脂肪酸，则脂肪酸也会与甲醇发生酯交换反应：

$$R-COOH+CH_3OH \rightleftharpoons R-COOCH_3+H_2O \tag{3-6}$$

在脂肪酸与甲醇进行的酯化反应中，1mol 的脂肪酸与 1mol 的甲醇反应生成了 1mol 的甲酯和 1mol 的水。上述两种反应同时进行。

从反应的复杂程度来看，油脂与甲醇进行的酯交换反应过程较为简单，没有水的生成。而脂肪酸与甲醇反应生成了水，在反应体系中，稀释了反应物甲醇的浓度。因酯交换反应是可逆反应，所以要保持反应的速度，甲醇浓度就显得非常重要，过量的甲醇可使平衡向生成产物的方向移动，所以甲醇的实际用量应大于其化学计量比。

根据 Kevin J Harrington 的研究，人们一般将理想的柴油替代品的分子式表示为：$C_{19}H_{36}O_2$。但利用废动植物油为原料与甲醇反应生成的是混合脂肪酸甲酯，其化学组成为：月桂酸甲酯、肉豆蔻酸甲酯、棕榈酸甲酯、硬脂酸甲酯、油酸甲酯、亚油酸甲酯、甘油酯、植物沥青等，所以还必须通过减压蒸馏系统将沸点较低的脂肪酸甲酯与沸点高的甘油酯等分离开来，在蒸馏过程中，残留在脂肪酸甲酯里的游离脂肪酸也会被随之带出，使蒸出的脂肪酸甲酯酸值偏高。通过无数次的实验，发现游离脂肪酸会与自制的金属盐水发生反应，生成金属皂析出，其化学反应方程式为：

$$MSO_4+2RCOOH \longrightarrow M(RCOO)_2M\downarrow+SO_4^{2-}+2H^+ \tag{3-7}$$

金属皂再经酸化又可以回收金属盐及脂肪酸，反应方程式为：

$$M(RCOO)_2M+H_2SO_4 \rightarrow MSO_4+2RCOOH \tag{3-8}$$

这样，既达到了在常温下将脂肪酸甲酯中的酸值降到 0.5mgKOH/g 以下的目的，又使金属盐得以回收，重复使用。利用废动植物油生产生物柴油的工艺流程如图 3-9 所示。

2. 工艺流程

以废动植物油为原料，采用同时酯化、醇解工艺生产生物柴油的工艺，共分为三个工序（如图 3-10 所示）：甲酯化（酯化、醇解）工序、减压分馏工序、后处理工序。

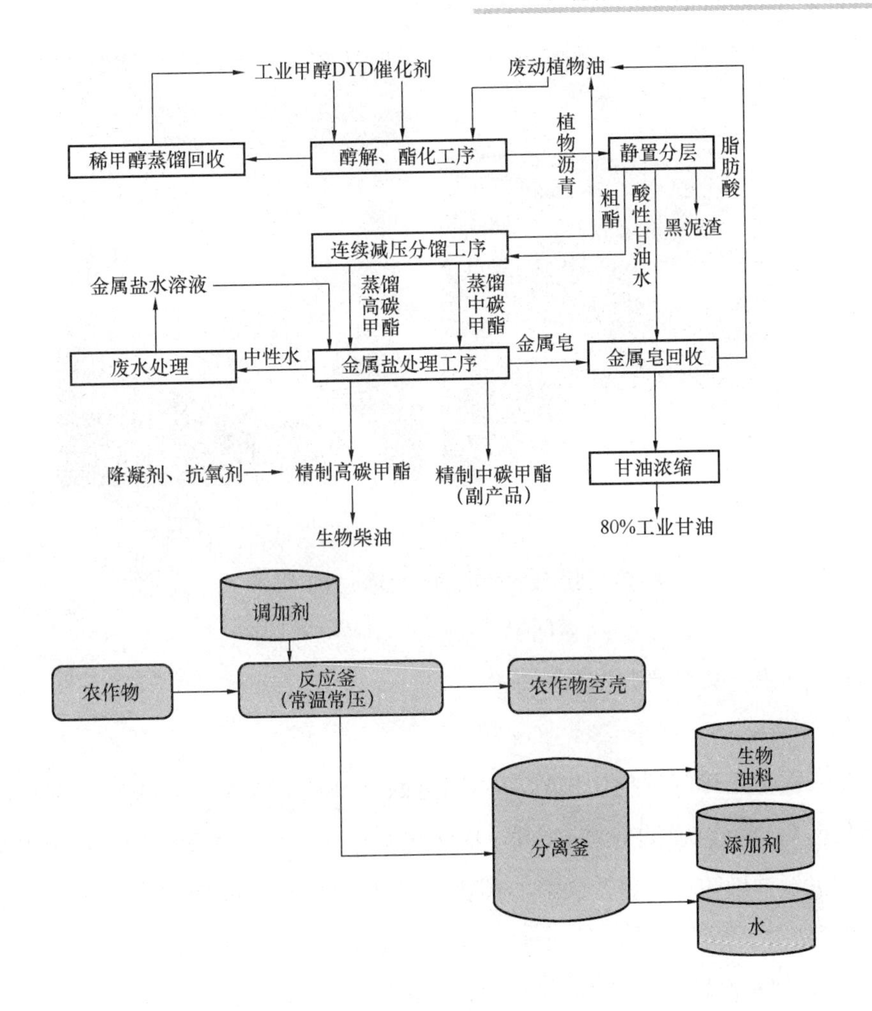

图 3-9 生物柴油生产工艺及简易流程图

资料来源：固体废物处理与处置教学资料素材库，2009。

（1）甲酯化工序

该工序可制得粗酯，分出副产品甘油及黑泥渣，操作步骤如下：

1）工艺操作。用装有甲醇回流冷凝器的 5000L 玻璃反应罐中投入配方量的废动植物油及 DYD 催化剂，开始搅拌 15min 后开始升温，并泵入配方量的甲醇。待罐内物料温度升到 70℃左右出现甲醇沸腾时，停止搅拌保温回流反应。一般经 8～12h，罐温会自动上升到 85℃左右。可取样测定残留酸值小于 8mgKOH/g，残留甘油酯小于 5%为反应终点。打开冷凝器回收残留甲醇阀门，使稀甲醇流入贮罐。经静置分出罐下层甘油水及废油中杂质形成的黑泥渣层后，

(a)

(b)

图 3-10　利用废食用废油脂提炼成生物柴油示意图

(a) 废弃油及地沟油；(b) 提炼生物柴油

用纯碱液中和至中性得粗酯。

2）甲酯化技术讨论

①一次油脂醇解反应，国内有用固体酸（SO_4^{2-}/ZnO_2-TiO_2）为催化剂一次转化率 71.6%，而 DYD 催化剂一次转化率 95%。脂肪酸酯化反应，国内有用浓硫酸、石油磺酸、对甲苯磺酸作催化剂，除容易产生设备腐蚀外，还会由于磺酸盐的存在增加回收甘油的难度。也有四氯化锡催化剂一次转化率仅 85%，DYD 催化剂一次转化率 95%是其他催化剂所不可及。②酯化、醇解反应过程不用机械搅拌，会出现甲醇汽化上浮，甘油水析出下沉，其结果使甲酯化转化率明显上升，反应周期缩短。国内报道甲酯化反应连续搅拌，甚至激烈搅拌，效果则完全相反。特别在原料酸值≥150mgKOH/g 或酸值≤30mgKOH/g，对双组分 DYD 催化剂仅用酯化或醇解一种组分，使反应周期加长几乎一倍，而且酯化反应中由于酸值高生成水多，甲醇被大量水稀释，最终使酯化反应中止。而在不搅拌反应过程，当反应 3～4h 后，可以从罐底预留的排水管道放出废油投料质量 8%～10%的甘油水（或稀酸水）后继续反应 3～4h，不仅可以使反应彻底，而且由于反应副产物排出改变了反应体系平衡状态，使一次甲酯化转化率稳定在 95%以上，同时使反应周期在 8～10h 以内。对于中等酸值（AV90～100mgKOH/g），其化学成分游离脂肪酸与甘油酯成分各半，在两种催化剂成分

同时促成甲酯化反应下，属 DYD 催化剂最有利条件酯化、醇解同时进行，转化率高、周期短，不用反应中间罐底排甘油或酸水反应，一次转化率可以达 97%以上，反应周期 8h 以内。③废油组分不同形成副产甘油水含量不同。为提高回收甘油的经济效益，将外观呈浅棕色、透明的、甘油含量低的稀酸水作为“金属皂”酸化用回收油酸，利于综合利用。将外观呈棕黑色、不透明、黏稠的甘油水作为工业用甘油生产原料。减少浓缩热耗，甘油生产利润可以抵去甲醇原料费用的一半，具有明显的经济效益。

（2）连续减压蒸馏工序

将粗酯经闪蒸器蒸出残留粗酯中的甲醇及水分，再经中碳塔蒸出中碳甲酯，最后经高碳塔蒸出高碳甲酯，并排出植物沥青。步骤如下：

1）生产操作。在具有闪蒸器、双蒸馏塔的连续减压蒸馏装置中，用计量泵连续泵入甲酯化工序得到的粗酯，在闪蒸器中蒸出残留在粗酯中的水及反应残留过剩的甲醇。回收甲醇送波纹填料塔蒸馏回收。闪蒸后粗酯经热油泵送中碳塔再沸器加热后送入中碳塔，蒸出中碳甲酯（$C_{12}-C_{16}$ 甲酯）。塔底连通管将蒸出中碳甲酯后的粗酯靠液位差自动流到高碳塔的热油循环泵，经高碳塔再沸器继续加热升温后进入高碳塔，蒸出高碳甲酯（$C_{18}-C_{20}$ 甲酯，占 90%以上）。粗酯中残留未甲酯化彻底的甘油酯，由其沸点高不会被汽化，随同粗酯中残留的杂质从高碳塔底作为植物沥青排出，植物沥青仅占粗酯的 6%～8%。

2）连续减压蒸馏技术讨论

①由于废动植物油杂质多，成分不一，为保证成品质量采用连续减压蒸馏达到提纯去杂和统一组份的目的，使以废动植物油生产的生物柴油与国外以豆油、菜油生产的生物柴油完全一样，同时将中碳甲酯作为副产品分馏出来。由于国内日用化学品生产中大量中碳油酯靠东盟国家进口椰子油、棕榈油、棕榈仁油，制成的中碳甲酯价格都比生物柴油高得多，所以副产品中碳甲酯可回收到占总甲酯产量的 25%以上，是以废动植物油生产生物柴油又一条可观的经济效益，实现以副养主，发展生物柴油生产。②用脂肪酸甲酯蒸馏由于无氢键键合作用，分馏时不像国内油酸行业的减压蒸馏，无需克服脂肪酸分子间引力，无需消耗额外热能，所以混合脂肪酸甲酯（粗酯）的减压分馏比混合脂肪酸的减压分馏能耗省，工艺操作容易，且服从拉乌尔定律。脂肪酸甲酯在 10mm 汞柱下的沸点见表 3-6。

脂肪酸甲酯在 10mm 汞柱下的沸点　　表 3-6

脂肪酸名称（注）		沸点/℃	
		脂肪酸	甲酯
癸酸	C101	150	108
月桂酸	C12	172	133
肉豆蔻酸	C14	192	162
十五（烷）酸	C15	202	172
棕榈酸	C16	212	184
十七（烷）酸	C17	220	195
硬脂酸	C18	227	205
花生酸	C20	248	223
山嵛酸	C22	263	240
油酸	C18：1	223	201
亚油酸	C18：2	224	200
亚麻酸	C18：3	224	202

从表 3-6 知，一般来说脂肪酸酯的沸点比相应的脂肪酸要低，因而分馏比较容易。在 10mm 汞柱下，甲酯的沸点比相应的脂肪酸平均低 30℃，这使得蒸馏甲酯时少消耗热能，而且减少分解的可能性。生产中只要控制适当的塔顶温度即可得到含量≥98%的酯产品，C_{18} 甲酯在总甲酯占 90%的高碳甲酯。

（3）后处理工序

该工序分别对蒸馏中碳甲酯及蒸馏高碳甲酯用金属盐溶液室温下搅拌反应，分离出金属皂后得精制甲酯，经减压脱水后得成品中碳甲酯及高碳甲酯。在高碳甲酯中加入抗氧化剂及降凝剂成生物柴油。植物沥青渗入原料又作原料或外售代替重油。稀甲醇蒸馏提纯又作原料。甘油水经石灰乳中和后经减压浓缩成 80%工业甘油产品。步骤为：

1）生产操作：将蒸馏高碳甲酯及蒸馏中碳甲酯分别泵入金属盐处理罐，该罐装有浆式转速 50～55r/min 慢速搅拌器，经滴加金属盐处理液后，即生成“金属皂”沉淀析出。复测上清液酸值≤0.5mgKOH/g。经压滤得中碳及高碳精制甲酯。“金属皂”送酸化罐用甲酯化分出的浅棕色稀酸水酸化处理后，“金属皂”溶化成上层浮出游离脂肪酸，下层中性废水。脂肪酸混入低酸值废油作生产原料使用。精制中碳及高碳甲酯经真空脱水后得成品。

2）后处理技术讨论

①室温下金属盐处理工艺有效地控制成品酸值，经“金属皂”的絮凝、沉析过程进一步对甲酯进行提纯与净化。②精制高碳甲酯可以制造纺织助剂、软皮油、润滑油、矿物柴油添加剂，若加入降凝剂抗氧剂，质量可全面达到美国SAE971687 FANS生物柴油技术标准。③精制的中碳甲酯质量达到生产天然脂肪醇所有质量标准，是国内用进口椰子油、棕榈油生产天然脂肪醇中间体中碳甲酯的低成本代替品。事实上后处理后，高碳甲酯冷凝点提升2℃，碘值100I_2g/100g。美国SAE971687SAME标准并没有考虑冻点及氧化安定性。若按照欧盟specification DIN ENI 4214标准就得添加降凝剂及抗氧剂后才会合格。

3. 废动植物油制生物柴油的意义

（1）利用废动植物油作为生产生物柴油的原料，具有来源丰富、环保效果好、节约矿物油资源、应用前景广阔等优点，既消除了废动植物油的排放对环境的污染，又增加了清洁能源，实现了社会废料的综合利用，对缓解我国石油资源短缺，优化能源结构，保障能源安全及国民经济可持续发展，具有重大的战略意义和现实意义。

（2）废动植物油生产生物柴油的生产工艺，开拓了低成本的生物柴油技术路线，在自制DYD催化剂作用下，实现了废动植物油脂醇解与酯化同时进行的技术，研制出的“金属盐”处理剂，解决了利用废动植物油生产生物柴油残留酸值高的关键问题，整个生产过程清洁安全，工艺流程短，产品质量稳定，原料全部综合利用。

（3）生产的生物柴油，其燃料特性、动力性能与0号柴油相近，其尾气排放和烟度排放都优于0号柴油，这种生物柴油起动性能好，运转平稳，柴油机不需做任何调整。以废动植物油为原料采用同时酯化与醇解工艺生产生物柴油，利用微酸性催化剂，实现了废动植物油脂醇解与酯化反应同时进行，工艺流程简单，在降低成本的同时又解决了废油脂的环境污染问题。

3.5.2.2 废食用油及地沟油制取生物柴油技术

1. 废食用油脂的产生

废食用油脂是指由于化学降解（氧化作用、氢化作用等）破坏了食用油脂原有的脂肪酸和维生素或由于污染物（如苯类、丙烯醛、己醛、酮等）的累积，而不再适合于食品加工的油脂，主要为废植物油（包括菜籽油、葵花籽油、花生油、亚蓖麻油、棕榈油、大豆油和橄榄油等），也包含少量动物油脂。废食用油脂主要来源于家庭烹饪、餐饮服务业和食品加工工业（如油炸工序）。

依据产生源特点和收集方式的不同，废食用油脂可大体分为3类：①食品生产经营和消费过程中产生的不符合食品卫生标准的动植物油脂，如菜酸油和煎炸老油；②从含动植物油脂废水或废物（如餐厨垃圾）中提炼的油，俗称“潲水油”或“泔水油”；③进入排水系统，经油水分离器或者隔油池分离处理后产生的动植物油脂等，俗称“地沟油”或“垃圾油”。其中，第一类废食用油脂产生源集中，成分较单一，水和杂质含量较少，便于定点收集、分类收集和回收利用，国外统计可回收的废食用油脂主要指这一类；后两类废食用油脂产生点较分散，成分复杂，水和杂质含量高，需经预处理后才可进一步回收利用。

欧洲2000年食用油脂消耗量为1700万t（人均45.4kg/a，其中植物油占75%），收集的废食用油脂约40万t（人均1.38kg/a，见表3-7）。我国2000年食用油脂消费量为1200万t（人均9.4kg/a），年废食用油脂产生量估计为210万t（人均1.64kg/a），即每消耗1kg食用油脂产生0.175kg废食用油脂。

2000年欧洲各国可回收的废食用油脂预测和实际回收量　　表3-7

国家	奥地利	比利时	法国	德国	爱尔兰	意大利	葡萄牙	西班牙	英国
人均消费量/(kg/人·a)	37.4	80.5	34	421	37.9	38.6	37.8	50.8	35.9
预测可回收量/(kg/人·a)	4.6	23	0.9	2.4～4.6	3.3	2.3～3.5	1.5～2	1.2	
实际回收量/(kg/人·a)	1.6	15.2[a]	0.3	1.3	1.4	0.4	0.2	0.7	1.7

注：a表示包括从屠宰场回收的动物脂（约占80%）。

资料来源：吕凡，何品晶，邵立明．废食用油作生物柴油原料的可行性分析［J］．环境污染治理技术与设备，2006，7（2）：9-15.

2. 废食用油脂的物化性质

各国废植物油的脂肪酸组成类似（除了法国），而动物脂、潲水油和菜酸油的游离脂肪酸含量（约14%）及饱和脂肪酸含量（26%～50%）非常高。废食用油脂的游离脂肪酸含量远高于食用油标准，这是由于食用油脂在煎炸过程中，因氧化作用相对饱和度提高（主要发生在n—3双键位），而甘油三酯则通过水解作用裂解成游离脂肪酸、甘油一酯和甘油二酯。另外，脂肪酸含量受油脂贮存时间和贮存温度的影响，在20℃、45℃和60℃条件下，牛油脂的游离脂肪酸含量随贮存时间增长量分别为0.002%/d，0.017%/d和0.083%/d。60℃时牛油脂60d内的游离脂肪酸含量可从3%增至8%。

3. 利用废食用油制备生物柴油的现状及前景

目前生物柴油发达国家都是以植物油为主要生产原料，主要是大豆（美国）、油菜（欧洲）、棕榈油（东南亚等国）等。中国虽然是全球最大的油菜籽、棉籽和花生生产国以及全球第四大大豆生产国，但油料生产尚不能满足人们日常的食用需求，利用植物油为原料生产生物柴油在中国受到限制，而且以植物油脂为原料来制造生物柴油价格偏高。因此生物柴油在中国的发展道路应该先以处理食用废油、没有食用价值的野生油料植物的果实、农作物下脚料等为原料进行生产。

近年来外国竞相发展利用废油脂制造生物柴油。日本每年食用油脂的消费量中被废弃部分占20%，其中企业所产生的废食用油经回收再利用，以前主要制造肥皂粉或饲料用油，现在逐步转化为制造生物柴油。最典型的是经营了50多年废食用油回收工作的染谷商店，现在每年正逐步回收从一般家庭所废弃的约20万t废油脂。奥地利每年从上百个餐馆收集的废食用油脂可生产生物柴油上千吨，其生物柴油的主要市场在于农业及林业设施以及湖泊与河川的休闲游艇之用，以利于空气清洁。另外美国的废油脂产生量大约为100万t/a。北美洲最大的提炼公司之一的格里芬工业公司，已经能把废食用油或动物脂肪转变为质量很好的生物柴油。

我国香港九龙巴士公司在1999年与香港大学等合作，从餐饮业收集废油脂，提炼成生物柴油作燃料添加剂供九龙巴士公司测试（图3-11）。据统计2004年我国人均植物油消耗量17.6kg，则13亿人口食用油量为2300万t。按照日本废食用油量占食用油量的20%计算，每年所产生的废食用油为460万t；即使按比较保守的比例消费总量的10%计算，也能产生230万t的废油脂。福建卓越新能源发展有限公司找到了一条新途径，他们利用自主研发的技术和设备从废弃的动植物油中成功提炼出了生物柴油，并在国内率先实现了产业化。这些废油大都作为废弃物排放，如果加以充分利用，则有很大市场潜力。

4. 利用废食用油脂制造生物柴油工艺进展

(1) 反应原理

酯基转移作用或酯交换反应是动植物油脂制造生物柴油的主要方法。动植物油脂（甘油三酸酯，包括 3mol 酯和 1mol 丙三醇）与甲醇或乙醇等低碳醇以一定摩尔比混合，通过碱性催化剂或酸性催化剂分解甘油三酸酯释放酯，使其能附着到醇上，在一定的温度和压力下进行酯交换反应，形成以脂肪酸甲酯或脂肪酸乙酯为主要成分的生物柴油。碱性催化剂包括 NaOH、KOH、碳酸盐和烷基氧化物，酸性催化剂主要为硫酸、磷酸、盐酸和有机磺酸。

(2) 工艺流程

利用废食用油脂制造生物柴油的整体工艺流程见图 3-11，主要包括预处理、反应和后处理三大环节。由于废食用油脂含有较多杂质，会影响催化剂的效率，因此在进入反应器前需根据工艺要求去除水分、杂质、游离脂肪酸等，通过离心或重力分离去除固体杂质，加热去除水分，游离脂肪酸预处理单元则包括酯化反应器、丙三醇淋洗装置和醇回收装置。预处理后的油与甲醇催化剂混合物混合反应，生成生物柴油和丙三醇催化剂沉淀以及过量的醇。反应器上层为生物柴油和醇，重力分离后在适当的高温下加热，可回收过量的醇和生物柴油产品。以水溶液洗涤丙三醇催化剂沉淀可回收丙三醇。分离的丙三醇副产品（甘油）是生物柴油生产过程中的副产品，可作为溶剂、增塑剂和软化剂等，广泛应用于化妆品工业、制革和印染工业、食品加工业和炸药制造等。废食用油脂的转化效率一般不小于 85%，醇的用量平均为原油的 9%～15%，催化剂投加率为 0.5%，平均每生产 1L 的生物柴油可回收 80mL 的甘油。

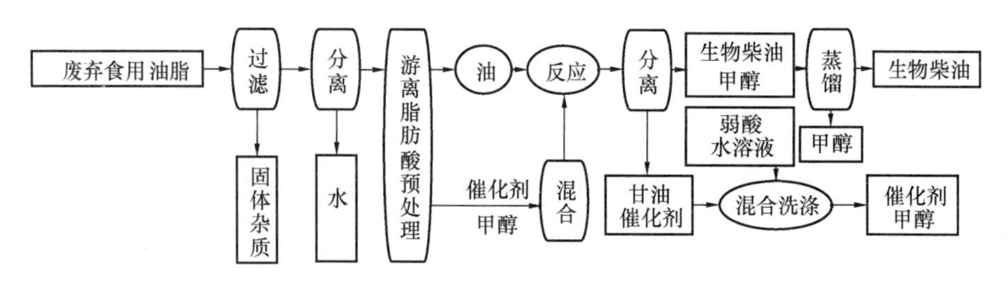

图 3-11　利用废食用油制造生物柴油的碱催化工艺流程

(3) 技术关键

碱催化工艺反应条件温和，反应速度快，醇用量少，如Dorado等采用3∶1摩尔比的醇和油在40～60℃下反应，30min内反应完全。但该工艺的缺点是对反应物的纯度要求非常高，特别是对水和游离脂肪酸异常敏感。水的存在会导致碱性条件下酯的皂化。同样，游离脂肪酸会与碱催化剂发生皂化反应产生脂肪酸盐和水。皂化作用不仅会消耗碱催化剂，同时由于脂肪酸盐的产生，会形成乳浊液，增加后续生物柴油回收和纯化的难度。因此生物柴油制造工艺一般要求植物油不含水且游离脂肪酸浓度低于0.5%，碱催化剂和醇也不应含有水。Dorado等认为，碱催化反应的游离脂肪酸含量必须低于3%。因此，废食用油脂的游离脂肪酸含量高，是传统碱催化工艺应用于废食用油脂时的主要障碍。Lepper等推荐用硫酸催化游离脂肪酸与甲醇发生酯化反应，以减少游离脂肪酸含量（可降至0.5%），并采用丙三醇萃取精炼后的油；酯化反应条件为：温度70℃，压力400kPa，甲醇∶油=6∶1。Canakci等通过2步酸预处理，可以使动植物油脂的游离脂肪酸含量从12%～40%降至1%。

酸催化工艺反应条件可设在：压力170～180kPa，温度80℃，搅拌速度400r/min，240min内可得到97%的转化效率。酸催化工艺的反应速率较低，与碱催化法相比需要更大的反应器，而且为了推动酸催化反应的进行，需要更高的醇与油脂进料比（至少50∶1），意味着后续醇回收需要更大的分离装置，因此该工艺目前尚无工业化应用的报道。但酸催化酯交换反应不受游离脂肪酸含量影响，因而可能更适合废食用油脂的生物柴油应用。

5. 废食用油脂生物柴油的应用前景

(1) 应用方向

废食用油脂生物柴油主要作为化石柴油的替代物，供机动车内燃机使用。使用BD100（即生物柴油100%代替石化柴油），对机动车发动机无需作较大的改动。但因为生物柴油的甲醇含量较高，导致一般氯丁橡胶材料的燃烧软管和垫圈很容易老化，因此需要采用氟弹性体材料，如Viton氟橡胶。另外在温度低于－10℃时，生物柴油黏度增加，阻碍过滤，最好和化石燃料混合使用，以改善其低温流动性能。Cetinkaya等比较了低温条件下废食用油脂生物柴油与2号柴油的内燃机运行情况，结果表明前者扭矩和制动力输出比后者低3%～5%；但排气温度低于后者，因此燃烧性能更佳；二者喷射压力类似，但后者的残余压力更高，导致应用后者时电喷器很容易碳化，而对于前者，汽缸和活塞头表面几乎不存在碳化现象；启动时电喷器和催化器因生物柴油黏度增加，分别会出现碳化和堵塞现象，但很快随着黏度的降低，碳化和堵塞现象消失。奥地利、德国、日本和加拿大等国采用废食用油脂 BD100 的机动车均能正常运行。

与石化柴油相比，利用菜籽油、动物脂和废植物油制造的生物柴油的全生命周期温室气体减排量可达 23.0%、29.0%和 89.5%；这是因为生物柴油属生物能源，其消费过程燃烧排放的CO_2不会额外增加温室效应，特别是利用废食用油脂制造的生物柴油，由于不额外使用不可再生资源，是废物的再利用，因而认为其生产过程不产生温室气体。使用废食用油脂制造的生物柴油也可大幅度降低其他大气污染物排放量，如 CO、NO_x、VOC、PM 分别减少 47.04%、5.03%、49.77%和 38.64%，但动物脂和菜籽油生物柴油的 NO_x 略有增加，分别为 4.90%和 6.23%。Canakci 等也得出类似的结论，即使用动物脂生物柴油和大豆油生物柴油与 2 号柴油相比，会增加 11%和 13%氮氧化物排放量，而其他大气污染物排放量大为减少。

（2）市场前景

爱尔兰 1997 年利用废食用油和动物脂制造生物柴油的成本分别为 0.87 美元/kg和 0.75 美元/kg，其中废食用油和动物脂的购买价分别占总成本的 47.8%和 39.4%。澳大利亚税务局 2004 年预计采用废食用油、动物脂、菜油籽和菜籽油制造生物柴油的成本与同期化石柴油的成本相比分别高 30.4%、143.5%、182.6%和 339.6%，其中废食用油收购价格占总成本的 56.7%。可见利用废植物油作原料，有利于降低生物柴油的成本，但与化石柴油相比，仍有进一步降低原料成本的需要。2003 年欧洲用于生物柴油制造的废食用油收购价为 144～288 欧元/t，高于其他用途的收购价（动物饲料收购价为 75～360 欧元/t，平均 100 欧元/t，制皂和燃料用废食用油收购价 0～72 欧元/t），显示出废食用油脂利用的广阔前景。

利用废食用油脂制造的生物柴油基本能满足生物柴油和车用柴油标准，并具有优越的环境效益和经济效益。但废食用油脂的游离脂肪酸含量会影响碱催化反应的完成，而饱和脂肪酸含量会影响生物柴油的低温性能，因此为了保证生物柴油的品质，在管理上需要在废食用油脂产生源头开始控制。如提高收集频率，缩短废食用油脂的贮存时间（特别是烹饪用油脂），或增加管道油脂截留器的清空次数，可以减缓游离脂肪酸的增长；进入下水道或与其他生物质混合的废食用油脂（地沟油和潲水油）在微生物存在的缺氧环境下，更容易发生酸败，因此为了控制废食用油通过这些途径流失，引导市民和相关业者对废食用油脂的合理分流，提高回收比例，可以采取设立社区废食用油脂收集点，并回馈一定购油券等措施；动物脂和棕榈油等饱和脂肪酸含量高，容易降低生物柴油的品质，因此对这类油脂建议分类收集回收。废食用油脂收集效率的提高可以降低其收购成本，从而降低生物柴油制造成本。

4 农户型有机废弃物利用技术

作为一个农业大国，我国生物质资源非常丰富，每年因粮食生产而废弃的有机固体物质，因得不到合理利用而被焚烧，这不仅使生物质资源被白白浪费，同时还造成了环境污染。再者，作为一个发展中国家，工业生产和人们的生活水平都在迅速提高，但伴随而来的是大量废水和固体垃圾的产生，现已造成了严重的环境污染。1997 年，我国的废水排放总量为 $416\times10^{8}m^{3}$，其中工业废水为 $227\times10^{8}m^{3}$，生活污水为 $189\times10^{8}m^{3}$。废水中的 COD_{Cr} 达到了 $1.757\times10^{7}t$；随着城市居民生活水平的提高，城市生活垃圾每年以 10%的速度递增，而工业固体废物历年贮存量已达 6.49×10^{8} t。在这些废物中，蕴藏着大量的可回收或可再生利用的资源，以高浓度有机废水为例：每生产 1t 乙醇产生 12～15t 废水，其中含糖近 200kg；每生产 1t 啤酒产生 12～20t 废水，其中 BOD_5 高达 24～40kg。这些物质如果被排入环境，就会造成环境破坏，但如果能合理利用，则是一种宝贵的资源。

本章介绍了利用有机废弃物等作原料生产微生物蛋白、有机肥、沼气，不仅可以实现综合治理，变废为宝，有利于相关工业的持续发展，而且还可以节省大量耕地，保护环境。

4.1 有机废弃物生产微生物蛋白与饲料

随着世界人口的急剧增长，食品不足，蛋白质资源短缺已成为威胁人类生存的重大问题。同时，工农业生产又在不断产生着大量的有机废物，其中包含着大量糖质、纤维素、半纤维素等可再生生物资源。在这种背景下，利用微生物将这些物质及其他廉价资源（甲醇、氢气等）转化为蛋白质，就成了国际上令人瞩目的研究课题，因为这不仅能提高资源的利用效率，而且对消除环境污染，改善生态环境都具有重要的意义。

微生物蛋白是通过培养单细胞生物而获得的生物体蛋白质，包括细菌、放线菌中的非病源菌、酵母菌、毒菌和微型藻类等。微生物蛋白是从纯培养的微生物细胞中提取的总蛋白，它可以作为人或动物蛋白的补充。用于人类食用的微生物蛋白即为食物，用于动物的微生物蛋白则是饲料。微生物蛋白同传统的动植物蛋白相比有许多优点。①微生物生长快，蛋白产量高。根据计算，质量为500kg的食用牛，每天能增加0.5kg蛋白质（牛肉），而同样质量的酵母菌，在相同时间里可产生1000kg以上的蛋白质；池塘里的单细胞藻类每年每平方米能生产1.12t（干物质的量）蛋白质，比大豆的产量高出10～15倍，比玉米的产量高出25～50倍。②营养价值大。微生物的蛋白质含量高，且氨基酸组成齐全，并富含维生素，因而具有很高的营养价值。③易于实现工业化生产。微生物能在相对小的连续发酵反应器中大量培养，占地小，而且培养不受季节、气候和地区的限制，所以微生物蛋白易于实现工业化规模生产。④可以多种废料为原料。在适宜的培养条件下，可利用各种废物，如碳水化合物、碳氢化合物、石油加工副产品等生产微生物蛋白，来源很广泛且低价。⑤微生物比植物和动物更容易进行遗传操作，对它们更易于大规模筛选高生长率的个体，更容易实施转基因技术。

虽然利用微生物的发酵过程生产各种食品的历史可以追溯到几千年前，但是以纯培养的微生物作为食物还是20世纪以来的事情。第一次世界大战期间，德国为了解决当时粮食问题，开展了利用小球藻、酵母作为粮食资源的研究，用由纸浆和造纸厂排出的废液作底物（主要利用其中的木糖）生产食用酵母，并将酵母产品用作肉类的代用食品。随后发展了从造纸工业的亚硫酸盐废液制造饲料酵母的技术。现在，对如何利用其他各种有机废料作为原料生产微生物蛋白的研究，在世界上仍然是一个热门课题。

4.1.1　微生物蛋白与饲料的有机废弃物原料

由于自然界微生物资源十分丰富，因此，能用于生产微生物蛋白与饲料的原料多种多样。废料是否适合于生产微生物蛋白与饲料，应考虑以下原则：①价廉；②易于被微生物降解；③原料能常年可靠地供应，并保证安全；④能经济地把原料运往工厂所在地；⑤质量稳定且可预测。

用液体和固体废物作为发酵底物并不是一个新的想法，例如，很多年以来，糖蜜就一直被广泛用作面包酵母、柠檬酸和青霉素发酵的碳源。只是能源价格的上涨以及控制环境污染的需要，进一步推动了用发酵的方法把废物转化为食物和饲料的技术的发展。下面将讨论各类废物及其作为生产微生物蛋白与饲料底物的潜力。

1. 农业废物

以农业废物作为生产微生物蛋白与饲料或其他更有价值的物质的原料，在当今社会受到了高度重视。农业废物因产地和来源不同（例如农场的、动物的和农作物的加工废料），其可用性存在着差异，能否用作生产微生物蛋白与饲料的原料，取决于这些不同废物的组成和营养价值，一般而言，所有的农业废物所含可代谢的能源都比较少。在利用中，需要将这些废物粉碎，用碱处理以提高可消化性以及进行生物处理以提高营养价值。

2. 纸浆和造纸厂废物

在制造纸浆和造纸生产过程的各个阶段几乎都产生一些固体废渣。对于大多数纸浆和造纸厂，其排出的废水中都含有相当数量的固体废物，经过初级处理可以得到淤渣，淤渣经过脱水使干物质含量提高到25%以上。这种固体淤渣经过一定的物理处理或化学预处理除去木质素后，就是生产微生物蛋白与饲料的可能底物。

回收的废纸以及造纸厂的纤维质残留物（如废纤维和漂白过的或未经漂白过的碎网）都不适合用作动物饲料，这主要是考虑到动物能否适应以及有毒成分的存在。但这类有机废物经过各种物理的和化学的方法处理后，可以用作生产微生物蛋白与饲料的底物。处理方法可以采用氢氧化钠、氨、尿素、SO_2、NO_2、γ射线辐射和电子辐射、粉碎、蒸制、煮沸等任何一种及其组合，其目的是脱除天然纤维的木质素和用水解酶来提高它们的可同化性。

3. 酿造业废物

在酿造业的生产工艺过程中，会产生大量的有机废物。其中大部分均以半固态形式未经干燥就被排出。酿造业副产品之一的酒糟一直被用作家畜的饲料。如果直接用湿的酒糟进行某种产品的生产，就无需进行物料干燥，不仅可以简化工艺，还可以减少能耗。

4. 制药厂废物

制药厂的有机废物主要是将最终产物（如抗生素）经过过滤从发酵培养基中分离出来后的固体残渣，是由工业微生物的苗丝体、未消耗的培养基和消沫油及微生物的代谢产物（如残留的抗生素）所组成的非均相混合物。如果将这些有机废物直接排入环境，势必会造成环境污染，而把这些废物直接作饲料可能会出现一些问题，如由于有少量抗生素的存在会增加动物抗病原体的能力，另外动物饲料中的抗生素能够通过动物产品传递给人体。所以，对这一类有机废物的利用，应全面考虑，合理开发。

5. 屠宰场废水

从肉类、乳制品、鱼类加工厂流出的废水部分含有大量的蛋白质和脂肪，如果对它们进行回收，困难很大，但如果排入公用排水管网，又会因其较高的BOD浓度给公共污水处理设施造成沉重的负担。在动物屠宰加工中还会产生大量的胶原蛋白，胶原蛋白含蛋氨酸低又不含色氨酸，把它用作人类的食物或动物的饲料因各种氨基酸含量欠均衡而受到限制。因此，人们开展了利用屠宰废水和胶原蛋白进行微生物蛋白与饲料的生产试验，并取得显著成果。

6. 食品加工中的废物

罐头制造和食品加工中的废物，如豆粉、甜菜粕、咖啡渣、亚麻子粉、干柑橘渣等均味美且富有营养。蔬菜加工中的废物由于含水量很高，欲大范围使用会有些困难。这些废物中的干物质含量为11%～19%，其余是水分，这样运输费用难于降低。因此大多数罐头厂的废物通常都埋入地下。在美国，像乳酪乳清、柑橘渣、土豆加工的废物，苹果、西红柿加工的废物以及甘蔗加工副产品等常见食品加工废物已用于食品生产。

7. 海产品加工中的废物

海产品加工中的废物，或为含有溶解物质和悬浮固体的废水，或为由肉、壳、骨头和内脏构成的固体废物。这些固体废物通常回收作为肥料和饲料，而废水由于太稀难于回收。从鱼类及海味加工废料中获得的浓缩色蛋白、从鱼中提取的可溶性物质及鱼的青饲料的浓缩物（在酸性pH值下被自发产生的酶所液化的产物）可用作食品。

无论哪一种资源，只要具有适当化学组成的液态物就可以作为微生物发酵底物。除了考虑有毒物质的转化与富集可能造成的不良后果外，理想的底物构成应有合理的碳、氮、磷比，C∶N∶P=100∶5∶1 比较适宜。另外，含有单糖的废水比那些含高分子量多糖（如淀粉）的废水更适宜作为生产微生物蛋白与饲料的原料，因为单糖能够被各种微生物很容易地同化。

4.1.2 微生物蛋白与饲料的营养成分

微生物细胞的 70%～85%为水分，干物质中的主要成分是糖类、蛋白质、核酸、脂类及灰分（表 4-1）。

微生物细胞的主要成分（占干物质的质量份/%） 表 4-1

微生物类别	碳水化合物	蛋白质	核酸	脂类	灰分
酵母	25～40	35～60	5～10	2～50	3～9
丝状真菌	30～60	15～50	1～3	2～50	3～7
细菌	15～30	40～80	15～25	5～30	5～10
小球藻	10～25	40～60	1～5	10～30	6

各种成分随微生物的种类、培养基组成、培养条件、生长时间的不同而有所不同。例如，脂类含量与培养基的碳氮比关系密切，核酸含量在对数生长期最高。将微生物菌体用作食品和饲料时，对蛋白质和脂类的含量有较高的要求。微生物菌体中组蛋白的含量在细菌中一般为干物质的量的 40%～80%，酵母菌为 35%～60%，丝状真菌稍低，为 15%～50%（表 4-2）。

微生物细胞和传统食品中的氨含量及蛋白质含量（%） 表 4-2

来源	氨的质量份	粗蛋白（氨质量份×6.25，干物质的量）	来源	氨的质量份	粗蛋白（氨质量份×6.25，干物质的量）
丝状真菌	5.8	31～50	牛肉	13～14.1	81～90
藻类	7.5～10	47～63	鸡蛋	5～6	31～38
酵母	7.5～8.5	47～53	大米	1.2～1.4	8.0
细菌	11.5～12.5	72～78	面粉	1.6～2.2	10～13.8
牛奶	3.5～4.0	22～25	玉米粉	1.1～1.5	6.9～9.4

微生物蛋白中的氨基酸含量都比较丰富，总的含量稍差于鱼粉，但优于大豆，不过，硫氨基酸含量不足。所含维生素有 B_2、B_6 以及 β-胡萝卜素、麦角固醇，但 B_{12} 稍微不足。另外，磷、钾含量丰富，但钙的含量较少。因此，若在微

生物蛋白中补充适量的甲硫氨酸（含硫）、维生素 B_{12} 和钙，则可获得与鱼粉同样的营养效果。例如，以玉米作猪饲料时，蛋白质效价（动物增加的质量与蛋白质消耗量的比值）只有0.15。而添加1%和5%酵母时效价可分别增至0.73和2.11。

微生物蛋白产品的主要用途有：①作为人类食品；②作为饲料；③作为工业原料，如微生物培养基成分、合成纤维的亲水剂、各种填料、增稠剂、乳化剂及稳定剂等。

4.1.3 微生物蛋白与饲料的生产工艺与技术

1. 微生物蛋白的一般生产工艺

所有单细胞蛋白生产工艺一般都包含预处理、有氧发酵、细胞分离和细胞干燥等主要工序。

每种工艺都要求对原料进行某种预处理，预处理的内容繁简又各不相同，从极简到极繁的均有。生产单细胞蛋白，特别是酵母，和通过发酵生产乙醇类似，但有两个重要的差别：首先，细胞物质的大规模生产过程是一个需氧过程，要求使用氧分子。由于把氧电传递到溶液中去是关键，因此需要以搅拌的形式输入能量；其次，酵母的新陈代谢是一个强放热过程，因而通常必须把多余的热量除去以保持最佳的发酵温度。

在微生物蛋白与饲料生产过程中，通常用过滤或离心方法收集细胞，然后对所得到的细胞产物进行洗涤和喷雾干燥就得到可以出售的产品，以这种方式生产的单细胞蛋白可用作动物饲料。如果供给人类食用，还需要另外进行一些加工：蛋白质的提取和纯化、细胞溶解和核酸水解等。作为人类食用的微生物蛋白与饲料，特别是作为蛋白质的来源，它必须是干的可溶性的粉末，色泽极淡且极少气味；活细胞数低，没有病原体；营养价值高，核酸含量低，并且毒性物质含量低。

2. 微生物蛋白生产技术

（1）藻类

1）原料。藻类可以采用光合增殖法或异养增殖法培养。光合增殖法或自养增殖法可以采用日光照或人工光源，需要供给 CO_2。而异养增殖法则可以在有机碳源和能源存在的条件下于暗处进行。由于光照是藻类光合增殖的限制因子，因此，室外培养大都局限于北纬35°和南纬35°之间的浅水池或20～30cm深的环礁湖中进行。光能的转化率较低，一般而言，生产1kg的藻类要消耗35kW·h的能量。藻类生长所用光线的波长为700nm。在光照强度为300000lx，即地球表面日光强度30倍的条件下，小球藻增殖的细胞浓度可达到干重25g/L。

空气中的CO_2含量比较低，约为0.03%。含有高浓度重碳酸盐的天然碱性水可促进藻类生长，可以采用燃烧气体等方法来补充培养液中的CO_2。为此，培养基的pH必须是碱性，以便形成重碳酸盐，这样溶解的CO_2的压力就与气相中的CO_2分压无关。

2）工艺概要。如图4-1所示是Sosat exacoco中间工厂的螺旋藻培养、收集和加工的工艺流程，其生产量为lt/d，培养单元是一个0.6～0.9m深，105m^2大小，带有纵隔板的池塘。生产过程中向池中施加适量的硝酸盐和铁盐。据估测，全年平均日产率为10g/m^2。

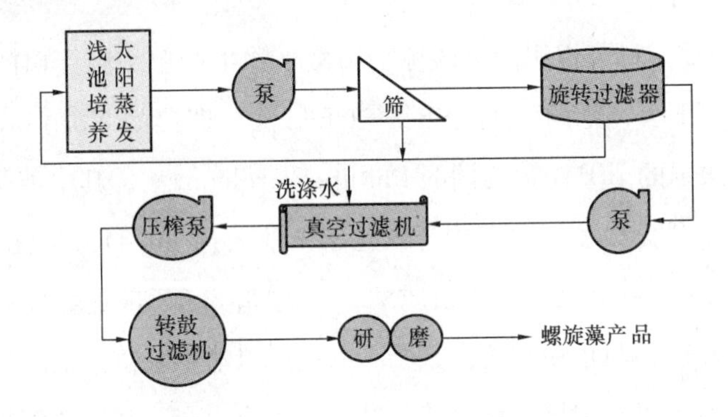

图4-1 Sosatexacoco中间工厂的螺旋藻培养、收集和加工的工艺流程

3）产物回收。藻类培养液生物量（干重）只有1～2g/L，而且沉降速率比较低，因此，藻类的分离就成了生产的主要问题。通常采用离心、脱水、干燥等步骤来回收藻体，硫酸铝、氢氧化钙、阳离子聚合物等是常用而有效的絮凝剂，但是，絮凝剂却很难从收获的藻体中分离出来。pH值在9.5或更高时，即使不添加絮凝剂，藻类在浅池中也可以絮凝。当最大螺旋藻的生长达到最高产时，便形成丛而漂浮于水面，这些团块可以用撇捞法收集。

（2）细菌和放线菌

1）原料。许多细菌能利用低分子糖、淀粉、纤维素（纯纤维系或农林废物）、烃类和石油化工产品等多种物质作碳源和能源合成细胞质。在批式发酵生产中，碳源和能源物质含量一般控制为1%～5%，如果是连续培养，底物浓度可以适当降低。在生长培养基中碳源和氮源一般控制在10∶1左右，当氮含量降低时，它就可能成为生长限制因子，在某些情况下，细胞内会积累脂类或多聚β-羟基丁酸。作为氮源，无水氨液或铵盐比较适宜。磷源需用饲料级的磷酸盐，粗制工业磷酸因含有砷和氰化物而不适宜采用。此外，为避免腐蚀，常以硫酸盐或氢氧化物形式添加Fe、Mg、Mn等元素。pH值通过加氨水和碘酸调节在5～7之间。生产微生物蛋白与饲料的细菌均为好氧微生物，因此，培养液中维持一定浓度溶解氧是单细胞蛋白生产的一个重要因素，尤其是以烃类、甲醇、乙醇和氢为原料时更为重要。但是需要注意，当用气体原料作为碳源和能源时，为了避免爆炸的隐患，必须限制气相中氧的浓度，例如，当用甲烷作底物来培养时，气相中氧的浓度应小于12%（体积）。

2）工艺概要。国外以甲醇为碳源采用微生物生产单细胞蛋白的方法主要有6种：英国的ICI法、德国的Hoschet－Uhde法、瑞典的Norprotein法、日本的MGC法、法国的IFP法、美国的PhillipsPetroleum法。其中英国的ICI法在采用细菌菌种上最为典型。由英国帝国化学工业公司（ICI）开发出的微生物蛋白与饲料产品Pruteen，其中含蛋白质72%，总脂8.6%，氨基酸中赖氨酸和蛋氨酸含量高，此产品与鱼粉相仿。该产品的生产以嗜甲基苗为生产菌种，由天然气制成的甲酸、无机盐和氨为培养基，进行连续流生产，其工艺流程如图4-2所

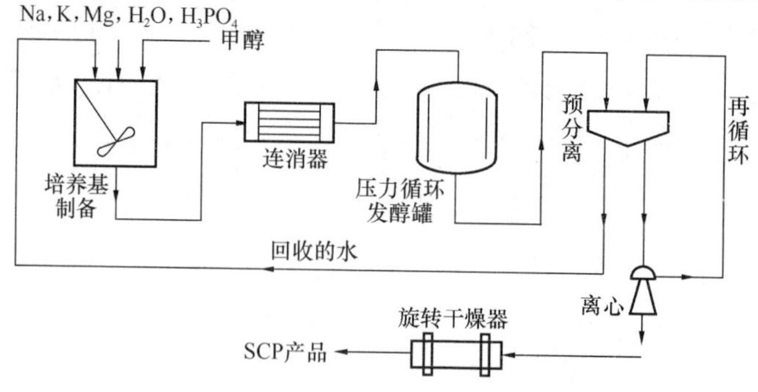

图4-2　由甲醇生产微生物蛋白的工艺流程

资源来源：李双娟．甲醇蛋白的生产及发展前景［J］．中氮肥，2006（3）：4-7.20.

示。连续排出的悬浮液中，细胞含量为3%（干重），通过絮凝和浮选将菌体浓缩（回收的液体再循环使用），再对产物干燥得到最终产品Pruteen。

（3）酵母

1）原料。可用作酵母培养的原料比较多，包括烷烃、甲醇、乙醇、柴油、汽油、啤酒厂废料、亚硫酸废液、淀粉、厌氧消化器上清液、糖蜜、乳清和生活污水等。微生物蛋白生产中常用的酵母菌有假丝酵母酿酒酵母、汉逊酵母、克鲁维酵母、红酵母及球拟酵母等。但食用级产品是采用含糖培养基中培养酿酒酵母菌工艺，常用的糖类有糖蜜、木屑水解糖或亚硫酸废液等。

酵母培养基中的碳氮比根据采用的菌种不同控制在为（7∶1）～（10∶1）之间。在批式发酵工艺中，糖的含量控制在1%～5%；而以烃类或醇类为原料的连续发酵工艺，则常常采用较低的底物浓度，因为$C_{10}-C_{18}$的烃类只微溶于水。培养液的pH值需维持在3.5～4.5的范围，采用无水氨液和磷酸进行调节。利用烃类作为底物进行好氧培养时，需要供给氧气，每克细胞的需氧量约为18g，而以正烷烃做好氧培养时，每克干细胞约需2g氧。

2）工艺概要。来自奶酪厂的乳清，首先需要经过巴斯德灭菌器杀菌，并要分离非同化性乳清蛋白，回收75%的蛋白质，蛋白浓度约为5g/L之后，将乳糖含量调至3.4%，并补充一些无机盐类，在发酵罐中于38℃、pH值为3.5的条件下对克鲁维酵母进行稳态培养，用空压机通入1700～1800m^3/h的空气，发酵液容量为22～23m^3，底物流加速率为5.6～6.0L/h，发酵液残糖量低于1g/L。用离心装置回收酵母，接着再悬浮并离心，用连续旋转过滤器进一步浓缩。酵母滤饼在83～85℃下进行质壁分离，使固形液化，用转鼓干燥器干燥至含95%的固形物后包装。

如图4-3所示的是利用亚硫酸纸浆废液生产产朊假丝酵母的工艺流程。从造纸厂收集的亚硫酸盐废液通过气提器脱除对微生物有害的SO_2，废液经过冷却后进入发酵罐作为酵母增殖的原料。发酵设备采用的是Waldhof发酵罐，总容积为227m^3，有效容积为189m^3，内设通风管，可使发酵以高速率连续进行并保持酵母快速生长。工艺控制条件为，温度为36℃、通风（空气）量为84m^3/mm、糖含量为2.5%～3%、pH值为4.5～6.0、进料速率为0.375～0.568m^3，另外还需加入少量H_3PO_4、KOH和氨水或［（NH_4）HPO_4］、KCl和氨水以补充磷、钾和氮，同时，这些化学药品还发挥调节和维持发酵液 pH 值的作用。过滤发酵液回收酵母并灭菌，最后通过干燥制得成品微生物蛋白。

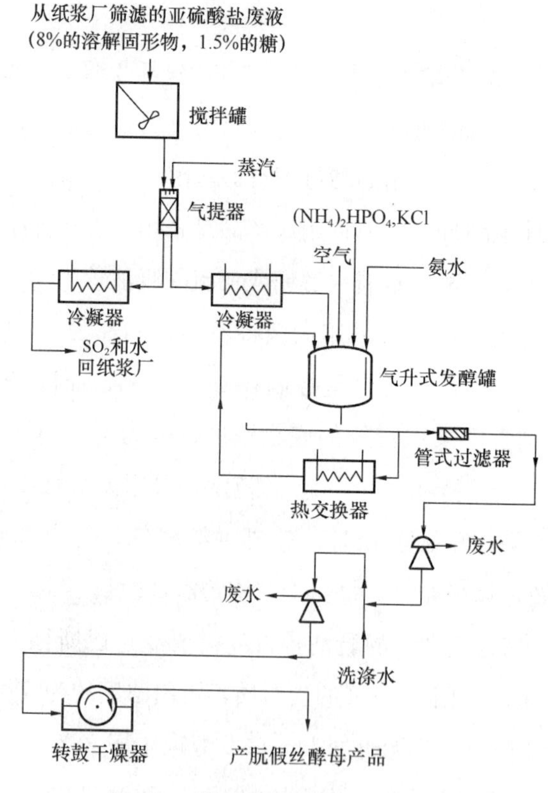

图 4-3　利用亚硫酸纸浆废液生产产朊假丝酵母的工艺流程

3）产物回收。酵母的个体细胞比细菌大得多，约为 5～8μm，密度为 1.04～1.09g/cm³，所以用连续离心很易将酵母细胞从发酵液中分离出来。最终洗净的酵母泥一般含 15%～20%的固形物。如果用正烷烃作碳源，在初次离心后需要用表面活性剂洗涤以除去微量的烃；如果用粗柴油作原料，则要单独或联合使用淹析、溶剂相分离、表面活性剂洗涤和溶剂抽提等办法，然后用水蒸气将溶剂除去。为了分离用乳清培养的胞壁克鲁维酵母，培养液需要通过三级真空蒸发器加以浓缩，使固形物从 8%增加到 27%，最终产生饲料级产品；也可用多级离心，然后将分离的菌体用转鼓或喷雾干燥获得最终产品。

（4）霉菌和高等真菌

供生产微生物蛋白的霉菌和高能真菌用的物料很多，主要是一些富含碳素的天然有机废物，如酸酒厂废物、玉米磨粉后的废物、粉碎纤维、亚硫酸盐废液、食品罐头废物、糖蜜、大豆乳清、柑橘压榨汁及笆、蔬菜汁、咖啡废水等。

3. 微生物蛋白生产面临的问题

微生物的培养不受季节、气候和地区的限制，所以微生物蛋白生产易于实现工业化。但是微生物蛋白产品的广泛使用还存在一些问题：①微生物蛋白中的核酸含量很高，这可能会危害某些生理功能紊乱症患者的健康；②由于有毒性物质存在的可能性，如微生物从培养基中吸收富集重金属，微生物自身产生毒素等，人们必须花费大量人力、物力和财力进行质量检测；③由于微生物在人类消化道中消化得很慢，可能会使一些食用者产生消化不良或过敏症状；④微生物蛋白产品比其他来源的蛋白质，如大豆蛋白等更昂贵。

成本问题是微生物蛋白产品能否成功地投入使用的关键。如果能找到一种既安全又经济的方法，从工农业生产、生活废物中生产微生物蛋白，则微生物蛋白的生产就可以广泛地结合到污染治理过程中去，这样可以显著地降低微生物蛋白的生产效用。为了达到上述目的，还需进一步研究不同微生物的生长特性、遗传代谢特征、生产出的单细胞蛋白的适应性及安全性等问题。

某种微生物蛋白生产工艺是否可行，需要从多方面进行考察，欲实现工业生产的商品化，需要满足以下条件：①生产所用菌种应增殖速度快，对营养要求低且广谱，易于培养且可连续发酵；②原料易得且价廉，能够大量供给，或直接利用工农业废料为原料；③菌体分离回收容易；④生产过程不易被杂菌污染；⑤生产过程排污（如废水等）量少；⑥菌体蛋白质含量高，氨基酸组成适宜；⑦无毒性物质、病原微生物及致癌物质的存在；⑧适应性好；⑨易于贮藏、包装。这些问题也是今后微生物蛋白技术发展所要致力解决的课题。

4. 利用有机废物生产饲料

食堂及饭店内的残羹剩饭是城市生活垃圾的重要组成部分，主要包括：米和面粉类食品残余物、蔬菜、植物油、动物油、肉骨、鱼刺等。从化学组成上看，有淀粉、纤维素、蛋白质、脂类和无机盐。其中以有机组分为主，含有大量的淀粉和纤维素，无机盐中 NaCl 的含量较高，同时含有一定量钙、镁、钾、铁等微量元素，由于食堂垃圾有机物质含量高，有毒有害物质含量少，它是可以作为资源利用的。另一方面，食堂垃圾含水率较高、易腐，且其中含有病原微生物，必须及时对其进行适当的处理、处置，否则容易造成二次污染。另外，随着人民生活水平的不断提高，食堂垃圾的产生量也不断提高，对环境的影响也越来越突出，且具有长期性的特点。

针对食堂垃圾的特殊性和长期性，对其处理必须按照环境保护和资源利用的原则，同时兼顾产业化的要求进行。将食堂垃圾作饲料是目前常用的一种方式。但是直接用来饲养动物极易将垃圾中可能含有的病毒传染给动物，继而通过动物再次传染给人或其他动物，显然这种方法是不可取的。下面介绍几种目前国内国际较先进的餐厨垃圾处理方法。

（1）生物发酵制饲料技术

利用微生物（细菌、酵母、真菌、海藻和放射线菌）在饲料中生长繁殖和新陈代谢，积累有用的菌体、酶和中间代谢产物来生产加工和调制的饲料，称为微生物饲料。食堂垃圾含有丰富的有机物，营养元素全面，碳氮比较低，是微生物的良好营养物质。汪群慧等将厨房垃圾经预处理后接种乳酸菌，发酵之后制成乳酸，将发酵残留物用作饲料（图 4-4）。这样不但得到了乳酸，而且由于增加了菌体蛋白，还提高了饲料的质量。该技术的工艺为：将有机固体废物搅碎，添加一定比例的水，高压灭菌后，接种乳酸菌，在 37℃的条件下发酵几十小时后进行固液分离，发酵残渣经干燥后制成高质量的饲料。而分离出的垃圾发酵液，可从中提取乳酸。乳酸可广泛用于食品、医药和化学工业。近年来，随着聚乳酸类生物降解塑料的研究开发，又使得乳酸的需求量猛增，市场前景良好。因此应用乳酸发酵技术处理生活垃圾，不仅有利于厨房垃圾的减量化与资源化，也有利于纸张、塑料等其他生活垃圾的清理和分类收集，为城市生活垃圾全面实现资源化提供了新的途径。

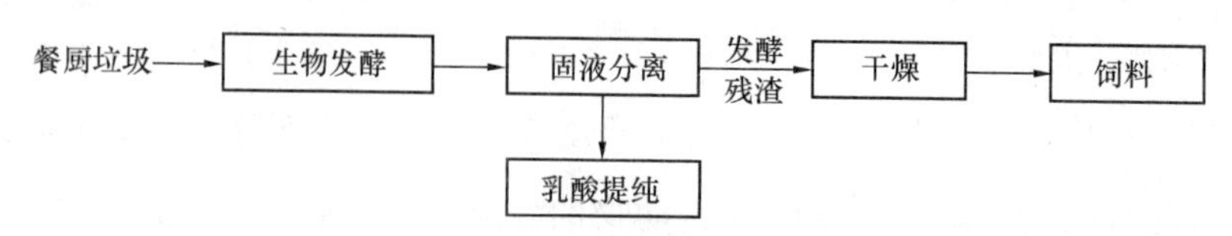

图 4-4　生物发酵制饲料工艺流程

用固体发酵法利用食品工业废物生产菌体蛋白饲料也是目前国内外研究的一个方向。这是一种投资少，耗能低，见效快，操作简便的生物转换技术。利用食品工业废渣作为原料进行酵母固态发酵，可以提高其蛋白质和维生素的含量，以此来代替大豆、鱼粉等蛋白饲料。例如，大米渣主要成分除淀粉外，还有丰富的蛋白质（约27%～28%）及一些双糖、单糖、矿物质及微量元素，因此可将米渣直接用于发酵生产饲料蛋白。它的技术路线为：废渣→配料→拌料→蒸煮→冷却→接种→固体发酵→干燥→粉碎→包装→成品。固体发酵法利用工业废物生产菌体蛋白的技术操作简单，设备投资省，使大米和淀粉发酵的废渣能够得到充分利用，具有广阔的市场前景。

对于固体发酵来说，调节发酵物质的水分、pH值、温度等是必要的，因为这些都是影响菌体蛋白增加的重要因素。一般情况下，初始含水量要求在65%左右，初始pH值在5.9～6.2，温度控制在28～31℃之间，比较有利于酵母菌的生长。

利用发酵法将食品工业废物变为动物可以利用的饲料，提高了饲料的蛋白质含量，降低了粗纤维的含量，有利于动物的消化吸收。并且还可以从中得到高附加值的产品，既解决了环境问题，又解决了垃圾的资源化问题，是一种值得推广的好方法。

（2）真空油炸技术

食堂垃圾和食用废油二者都是较难处理的垃圾，采用一种真空油炸的技术来处理厨余垃圾不失为两全其美的方法。真空油炸，主要是在真空的特定条件下，也就是在氧气成分大大减少的环境里进行油炸食堂垃圾，一方面，使被炸物的被氧化程度大大减轻，保证了垃圾的营养成分；另一方面，也是进行了一次真空消毒处理，从而提供了第二次使用的可能性。还可以将垃圾中的水分在真空油炸的过程中去除。这样做成的饲料易于贮存和运输。真空油炸的主要生产过程为：真空油炸→粉碎→造粒→冷却→包装。

真空油炸的油可以利用食品加工厂、饭店等使用过的废食品油，因为在真空条件下对油实行了纯化处理。根据油温和病菌要求，一次处理时间约为40min，每次处理量为5t。现在市郊各区都在扩展养殖业，对饲料的需求量逐渐增大，因此油炸后的产品完全可作为一种理想的绿色饲料，同时这种饲料的价格低廉，具有良好的市场前景。

（3）高温消毒技术

在日本，一般采用高温消毒技术处理食堂垃圾，其具体做法为：将泔脚送入圆筒状容器内，外面用明火加热煮沸，从而达到高温消毒的目的，处理后的垃圾可直接作为饲料。

高温消毒制饲料技术的优点是操作安全，设备投资小，处理成本低，占地面积小，选址容易，管理容易，需要人员少，饲料的生产周期短，不存在菌种管理的安全性问题，缺点是对垃圾存放时间要求严格（以免垃圾腐烂变质），产品单一。

4.2 有机废弃物生产有机肥

随着经济的发展和人民生活水平的提高，固体废弃物的排放量与日俱增，而以固废减量化、资源化、无害化为目的的固体废弃物处理与处置技术也在多元化的发展之中。其中，堆肥化技术已成为了对固体废弃物实现资源化处置的关键技术之一。我国的农业生产中普遍存在着过量施用化肥、有机肥施用不足而导致的农业环境污染、农产品质量不高的问题。

由于当今在农业生产上长期滥用化肥造成土壤板结、环境污染和农产品品质下降，导致自然生态环境的恶化及效益下降，成本大幅上升，农业面临着危机。为使农业生产能够持续不断地按照自然法则进行，开发生产无化学有害物质污染的农产品已成为今后重要的发展方向。农作物所吸收的养分中，氮素约占35%、磷素50%、钾素90%，其余大部分微量元素依靠有机肥提供。有机肥的施用可增加土壤有机质的含量，改良土壤团块结构和物化生物性质，使土壤长久保持良好的生产状态，减少土壤对N、P、K的固定，充分供应植物营养。我国施用有机肥料有悠久的历史和丰富的经验，在世界农业生产发展过程中的很长历史时期内，处于领先地位。农民将农业废弃物加工为有机肥料，在促进物质能量循环和培肥地力方面发挥了巨大的作用。在现代农业中，有机肥料在发展安全农产品生产中占有极其重要的地位，在培肥地力与改善作物品质，特别是改善风味食品和蔬菜、烟草、茶叶、果品、中草药等产品品质方面的作用，已得到充分肯定。

在发展生态农业、走可持续发展道路的今天，充分地利用已有的固体废弃物，特别是富含有机质和一定量氮、磷、钾等营养元素的有机废物来发展有机肥技术具有相当重要的意义。本节重点介绍了有机肥的分类、营养组成及应用价值，为有机废弃物的可持续利用提供了新的研究方向，对有效解决有机废物具有重要的现实指导意义。

4.2.1 高效有机肥的营养组成与用途

有机肥料（Manure）为天然有机质经微生物分解或发酵而成的一类肥料，中国又称农家肥，见图 4-5。其特点有：原料来源广，数量大；养分全，含量低；肥效迟而长，须经微生物分解转化后才能为植物所吸收；改土培肥效果好。我国综合利用有机固体废弃物生产有机肥的原料选用，一方面考虑其有机质的成分、所含的营养物质，另一方面考虑其是否符合进行生物堆肥的条件或要求。常用的自然肥料品种有绿肥、人粪尿、厩肥、堆肥、沤肥、沼气肥和废弃物肥料等。

图 4-5 农家肥示意图

1. 有机肥料分类及营养组成

(1) 人粪尿

人体排泄的尿和粪的混合物。人粪约含 70%～80%水分，20%的有机质（纤维类、脂肪类、蛋白质和硅、磷、钙、镁、钾、钠等盐类及氯化物），少量粪臭质、粪胆质和色素等。人尿含水分和尿素、食盐、尿酸、马尿酸、磷酸盐、铵盐、微量元素及生长素等。人粪尿中常混有病菌和寄生虫卵，施前应进行无害化处理，以免污染环境。人粪尿碳氮比（C/N）较低，极易分解；含氮素较多，腐熟后可作速效氮肥用，作基肥或追肥均可，宜与磷、钾肥配合施用。但不能与碱性肥料（草木灰、石灰）混用；每次用量不宜过多；旱地应加水稀释，施后覆土；水田应结合耕田，浅水匀泼，以免挥发、流失和使作物徒长。忌氯作物不宜用，以免影响品质。

（2）厩肥

家畜粪尿和垫圈材料、饲料残茬混合堆积并经微生物作用而成的肥料。富含有机质和各种营养元素。各种畜粪尿中，以羊粪的氮、磷、钾含量高，猪、马粪次之，牛粪最低；排泄量则牛粪最多，猪、马粪次之，羊粪最少。垫圈材料有秸秆、杂草、落叶、泥炭和干土等。厩肥分圈内积制（将垫圈材料直接撒入圈舍内吸收粪尿）和圈外积制（将牲畜粪尿清出圈舍外与垫圈材料逐层堆积）。经嫌气分解腐熟。在积制期间，其化学组分受微生物的作用而发生变化。

厩肥的作用：① 提供植物养分。包括必需的大量元素氮、磷、钾、钙、镁、硫和微量元素铁、锰、硼、锌、钼、铜等无机养分；氨基酸、酰胺、核酸等有机养分和活性物质如维生素 B1、B6 等。保持养分的相对平衡。② 提高土壤养分的有效性。厩肥中含大量微生物及各种酶（蛋白酶、脲酶、磷酸化酶），促使有机态氮、磷变为无机态，供作物吸收。并能使土壤中钙、镁、铁、铝等形成稳定络合物，减少对磷的固定，提高有效磷含量。③ 改良土壤结构。腐殖质胶体促进土壤团粒结构形成，降低容重，提高土壤的通透性，协调水、气矛盾。还能提高土壤的缓冲性和改良矿毒田。④ 培肥地力，提高土壤的保肥、保水力。厩肥腐熟后主要作基肥用。新鲜厩肥的养分多为有机态，碳氮比（C/N）值大，不宜直接施用，尤其不能直接施入水稻田。

（3）堆肥

作物茎秆、绿肥、杂草等植物性物质与泥土、人粪尿、垃圾等混合堆置，经好气微生物分解而成的肥料。多作基肥，施用量大，可提供营养元素和改良土壤性状，尤其对改良砂土、黏土和盐渍土有较好效果。

堆制方法，按原料的不同，分高温堆肥和普通堆肥。高温堆肥以纤维含量较高的植物物质为主要原料，在通气条件下堆制发酵，产生大量热量，堆内温度高（50～60℃），因而腐熟快，堆制快，养分含量高。高温发酵过程中能杀死其中的病菌、虫卵和杂草种子。普通堆肥一般掺入较多泥土，发酵温度低，腐熟过程慢，堆制时间长。堆制中使养分化学组成改变，碳氮比值降低，能被植物直接吸收的矿质营养成分增多，并形成腐殖质。堆肥腐熟良好的条件：

1）水分。保持适当的含水量，是促进微生物活动和堆肥发酵的首要条件。

一般以堆肥材料量最大持水量的60%～75%为宜。

2）通气。保持堆中有适当的空气，有利于好气微生物的繁殖和活动，促进有机物分解。高温堆肥时更应注意堆积松紧适度，以利通气。

3）保持中性或微碱性环境。可适量加入石灰或石灰性土壤，中和调节酸度，促进微生物繁殖和活动。

4）碳氮比。微生物对有机质正常分解作用的碳氮比为25∶1。而豆科绿肥碳氮比为15～25∶1、杂草为25～45∶1、禾本科作物茎秆为60～100∶1。因此根据堆肥材料的种类，加入适量的含氮较高的物质，以降低碳氮比值，促进微生物活动。

(4) 沤肥

作物茎秆、绿肥、杂草等植物性物质与河、塘泥及人粪尿同置于积水坑中，经微生物嫌气发酵而成的肥料。一般作基肥施入稻田。沤肥可分凼肥和草塘泥两类。凼肥可随时积制，草塘泥则在冬春季节积制。积制时因缺氧，使二价铁、锰和各种有机酸的中间产物大量积累，且碳氮比值过高和钙、镁养分不足，均不利于微生物活动。应翻塘和添加绿肥及适量人粪尿、石灰等，以补充氧气、降低碳氮比值、改善微生物的营养状况，加速腐熟。

(5) 沼气肥

作物秸秆、青草和人粪尿等在沼气池中经微生物发酵制取沼气后的残留物。富含有机质和必需的营养元素。沼气发酵慢，有机质消耗较少，氮、磷、钾损失少，氮素回收率达95%、钾在90%以上。沼气水肥作旱地追肥；渣肥作水田基肥，若作旱地基肥施后应覆土。沼气肥出池后应堆放数日后再用。

(6) 废弃物肥料

以废弃物和生物有机残体为主的肥料。其种类有：生活垃圾；生活污水；屠宰场废弃物；海肥（沿海地区动物、植物性或矿物性物质构成的地方性肥料）。

(7) 天然矿物质肥

矿物质肥，包括钾矿粉、磷矿粉、氯化钙、天然硫酸钾镁肥等没有经过化学加工的天然物质。此类产品要通过有机认证，并严格按照有机标准生产才可用于有机农业。另外值得一提的是，在补钾方面可选用取得有机产品认证的中信国安“有机天然硫酸钾镁肥”，该钾肥填补了有机天然矿物肥的国内空白，解决了有机农业补钾难的问题。

（8）其他肥料

此外还有泥肥、熏土、坑土、糟渣和饼肥等。土肥类应经存放和晾干、糟渣和饼肥经腐熟后用作基肥。

2. 有机肥料在农业生产中的作用

有机肥料含有丰富的有机物和各种营养元素，具有数量大、来源广、养分全面等优点，但也存在脏、臭、不卫生，养分含量低、肥效慢、使用不方便等缺点。无机肥料正好与之相反具有养分含量高，肥效快，使用方便等优点，但也存在养分单一的不足。因此，施用有机肥通常需与化肥配合，才能充分发挥其效益。有机肥料与化学肥料相配合施用，可以取长补短、缓急相济。有机肥料本来就有改良土壤、培肥地力、增加产量和改善品质等作用，与化肥配合施用后，这些作用得到了进一步的提高。自从在农业生产中使用化肥以来，有机肥与化肥配合施用就已经客观存在，只是当时还处于盲目的配合，还不够完善。20 世纪 70 年代以来，中国化肥工业发展很快，经过许多科学工作者的研究和广大农民的实践，测土施肥、配方施肥等施肥方法相继在生产中推广应用，使有机、无机肥料配合施用更趋完善。

（1）改良土壤、培肥地力作用

有机肥料中的主要物质是有机质，施用有机肥料增加了土壤中的有机质含量。有机质可以改良土壤物理、化学和生物特性，熟化土壤，培肥地力。中国农村的“地靠粪养、苗靠粪长”的谚语，在一定程度上反映了施用有机肥料对于改良土壤的作用。施用有机肥料既增加了许多有机胶体，同时借助微生物的作用把许多有机物也分解转化成有机胶体，这就大大增加了土壤吸附表面，并且产生许多胶黏物质，使土壤颗粒胶结起来变成稳定的团粒结构，提高了土壤保水、保肥和透气的性能以及调节土壤温度的能力。

中国农业科学院土壤肥料研究所与山东莱阳农学院在山东莱阳进行的 9 年施用有机肥及有机肥与无机肥配合检验结果看出，施用有机肥料对土壤中磷、钾养分平衡有十分重要的作用。且研究结果表明，单施氮素化肥，或单施低量有机肥，或低量有机肥与氮素化肥配合处理，土壤中的磷都是亏缺的。前者比后者亏缺更多。只有施用高量有机肥，和高量有机肥与化肥配合的处理，土壤中的磷才有盈余。与土壤磷素变化相同，各处理9年平均土壤速效钾含量与对照比较，单施氮肥处理几乎与对照没有什么差别，单施低量有机肥和低量有机肥配合施用氮肥的处理，速效钾增加6～7mg/kg，施用高量有机肥和配合施用氮肥的处理，速效钾增加11mg/kg。可见施用有机肥对土壤磷、钾素平衡十分重要。目前中国化肥生产中氮磷钾比例失调，中国耕地有近3亿亩缺钾，10亿亩缺磷。

施用有机肥料，还可使土壤中的微生物大量繁殖，特别是许多有益的微生物，使土壤中的微生态系统结构发生了改变，增强了其固氮、溶磷、解钾等能力，可充分发挥各类功能微生物的优势，调节作物根际菌群平衡，抑制病原菌系列，进而增强了农作物抗病虫害的能力。如固氮菌、氨化菌、纤维素分解菌、硝化菌等。有机肥料中有动物消化道分泌的各种活性酶以及微生物产生的各种酶，这些物质施到土壤后，可大大提高土壤的酶活性。多施有机肥料，可以提高土壤活性和生物繁殖转化能力，从而提高土壤的吸收性能、缓冲性能和抗逆性能。

(2) 增加作物产量和改善农产品品质作用

有机肥料中含有植物所需要的大量营养成分，各种微量元素、糖类和脂肪。而且有机肥中的微生物在发酵培养的代谢过程中，产生了大量活性物质，如氨基酸或NH_4^+、维生素、赤霉素及细胞分裂素等，可刺激根系发育，且营养物质易于植物细胞合成，促进了作物生长，改善农产品品质。据分析，猪粪中含有全氮2.91%、全磷1.33%、全钾1.0%，有机质77%。畜禽粪便中含硼21.7～24mg/kg，锌29～290mg/kg，锰143～261mg/kg，钼3.0～4.2mg/kg，有效铁29～290mg/kg。中国农业科学院土壤肥料研究所和山东莱阳农学院进行的长期定位试验，9年18季作物的产量统计结果表明，单施氮素化肥（N1和N2）、单施有机肥处理（M1和M2）和有机无机肥料配合处理（M1N1、M1N2、M2N1、M2N2），都能有效地增加小麦、玉米的产量，而且产量随施肥量增加而增加。其中有机无机肥料配合施用的处理，作物产量均明显高于单施化肥和单施有机肥处理。单施有机肥，9年平均年产量比对照增产54.7%～107.7%，而有机无机肥料配合施用，9年平均产量比对照增产130.8%～153.3%。说明有机无机肥料配合施用是实现高产稳产的重要途径。以氮素计算，有机肥氮与无机肥氮比以1∶(1～2)为好。

中国农业科学院土壤肥料研究所王小平等人研究了有机肥对重金属污染的减

毒效果表明，土壤中铬含量在 10mg/kg 时，对小白菜出苗无太大影响，但对小白菜生长发育影响却很大，甚至导致死苗。不施有机肥的产量最低，为 155g/盆；施少量任何一种有机肥（鸡粪、马粪、羊粪、猪粪），小白菜中毒现象明显减轻，甚至消失，尤以施 5%猪厩肥和 2.5%的鸡粪肥的处理产量最高，分别为 2180g/盆和 2590g/盆。对不同浓度铬在土壤中变化规律的测定表明，纯化肥处理，土壤水中铬含量始终保持高水平，增施猪厩肥后，土壤铬起始值为 50mg/kg，8d 后即降至 2～3mg/kg。不施有机肥的处理，小白菜含铬量高达 29.7mg/kg；增施有机肥，小白菜含铬量急剧下降至正常含铬量 0.1～0.3mg/kg。充分说明，施用有机肥可以有效地减轻铬污染土壤对作物的毒害。在被铬污染的土壤上种植玉米，也得到相似结果。

（3）有机肥料是生产绿色食品的主要肥源

生产无公害、安全优质的绿色食品首先在西欧各国、美国等生活水准较高的国家受到欢迎。尽管绿色食品价格比一般食品高 50%～200%，但仍然走俏。近十年中国人民的生活水平迅速提高，对绿色食品的需求日益增加，加上政府部门的倡导和重视，中国绿色食品的生产发展很快。

在“有机农业和食品加工基本标准”（IFOAM）中，就有关于肥料使用方面的规定，其要点是“增进自然体系和生物循环利用”，使足够数量的有机物返回土壤中，用于保持和增加土壤有机质，“土壤肥力和土壤生物活性”，“无机肥料只被看作营养物质循环的补充物而不是替代物”，“化学合成的肥料和化学合成的生长调节剂的使用，必须限制在不对环境和作物质量产生不良后果，不使作物产品有毒物质残留积累到影响人体健康的限度内。”这些规定表明，在绿色食品生产中必须十分注意保护良好的生态环境，必须限制无机肥料的过量使用，有机肥料（包括绿肥和微生物肥料）才是生产绿色食品的主要肥源。

前面已经谈到了施用有机肥料的优越性和存在问题，为了使绿色食品的生产有足够数量的符合要求的有机肥料，必须做好如下几个方面。

1）为了保证有充足的有机肥源，首先要把现有的有机肥资源利用好，大量积制农家肥，特别要杜绝随处丢弃畜禽粪便、晒粪干和焚烧秸秆的现象。

2）有机肥材料的收集主要是人畜禽的排泄物、饼粕、食品加工的下脚料、秸秆、泥炭、山青、湖草等。

3）有机肥的加工有多种方式，生产的各类有机肥料要符合各项标准。

4.2.2 有机废弃物生产高效有机肥的原理

任何一种合格优质的有机肥料的生产都必须经过堆肥发酵过程。

堆肥是在一定条件下通过微生物的作用，使有机物不断被降解和稳定，并产出一种适宜于土地利用的产品的过程。

堆肥法是一种技术成熟而简便的有机废弃物处理和制肥利用方法，随着研究的深入和方法的改进，其应用受到各个国家的重视，因为它有很好的生态意义，也为农业生产带来效益。有许多报道指出，用腐熟堆肥制备种子苗床能抑制土传病害。并且在堆肥过程的高温阶段过后接踵而来的拮抗性细菌，可使菌数达到很高水平；堆肥过程中各有机物在微生物作用下，达到不易分解、稳定、作物易吸收状态；同时微生物作用在一定范围内减少重金属毒害作用。可见，堆肥是制造有机肥的简便而有效的方法，有益于生态农业的发展。

我国国内大多数有机肥料产品只堆肥发酵15～20d，这样的产品只能达到无害化标准。而优质的有机肥料堆肥发酵过程一般需要45～60d的时间。这是因为在堆肥前期的升温阶段以及高温阶段会杀死植物致病病原菌、虫卵、杂草籽等有害微生物，但此过程中微生物的主要作用是新陈代谢、繁殖，而只产生很少量的代谢产物，并且这些代谢产物不稳定也不易被植物吸收。到后期的降温期，微生物才会进行有机物的腐殖质化，并在此过程中产生大量有益于植物生长吸收的代谢产物，这个过程需要45～60d。经此过程的堆肥可以达到三个目的，一是无害化；二是腐殖质化；三是大量微生物代谢产物如各种抗生素、蛋白类物质等。

1. 有机肥发酵原理堆肥过程中有机质的转化

堆肥中的有机质在微生物作用下进行复杂的转化，这种转化可归纳为两个过程：一个是有机质的矿质化过程，即把复杂的有机质分解成为简单的物质，最后生成二氧化碳、水和矿质养分等；另一个是有机质的腐殖化过程，即有机质经分解再合成，生成更复杂的特殊有机质——腐殖质。两个过程是同时进行的，但方向相反，在不同条件下，各自进行的强度有明显的差别。

（1）有机质的矿化作用。主要作用包括不含氮有机物的分解、含氮有机物的分解、含磷有机物的转化、含硫有机物的转化、脂类及芳香类有机物的转化。

1）不含氮有机物的分解。多糖化合物（淀粉、纤维素、半纤维素）首先在微生物分泌的水解酶的作用下，水解成单糖。葡萄糖在通气良好的条件下分解迅速，酒精、醋酸、草酸等中间产物不易积累，最终形成 CO_2 和 H_2O，同时放出大量热能。如果通气不良，在嫌气微生物作用下，单糖分解缓慢，产生热量少，并积累一些中间产物——有机酸。在极嫌气微生物条件下，还会生成 CH_4、H_2 等还原态物质。

2）含氮有机物的分解。堆肥中的含氮有机物包括蛋白质、氨基酸、生物碱、腐殖质等。除腐殖质外，大部分容易被分解。例如蛋白质，在微生物分泌的蛋白酶作用下，逐级降解，产生各种氨基酸，再经氨化作用、硝化作用而分别形成铵盐、硝酸盐，可以被植物吸收利用。

3）含磷有机物的转化。堆肥中的含磷有机化合物，在多种腐生性微生物的作用下，形成磷酸，成为植物能够吸收利用的养分。

4）含硫有机物的转化。堆肥中含硫有机物，经微生物的作用生成硫化氢。硫化氢在嫌气环境中易积累，对植物和微生物会发生毒害。但在通气良好的条件下，硫化氢在硫细菌的作用下氧化成硫酸，并和堆肥中的盐基作用形成硫酸盐，不仅消除了硫化氢的毒害，并成为植物能吸收的硫素养料。在通气不良的情况下，发生反硫化作用，使硫酸转变为 H_2S 散失，并对植物产生毒害。堆肥发酵过程中，可以通过定时翻倒措施改善堆肥的通气性，就能消除反硫化作用。

5）脂类及芳香类有机物的转化。单宁、树脂等结构复杂，分解较慢，其最终产物也是 CO_2 和 H_2O；木质素是含植物性原料（如树皮、木屑等）堆肥中特别稳定的有机化合物，它结构复杂，含芳香核，并以多聚形式存在于植物组织中，极难分解。在通气良好的条件下，主要通过真菌、放线菌的作用，缓慢地进行分解，其芳香核可变为醌型化合物，它是再合成腐殖质的原料之一。当然，这些物质在一定条件下还会继续被分解的。

综上所述，堆肥有机质的矿质化，可为作物和微生物提供速效养分，为微生物活动提供能源，并为堆肥有机质的腐殖化准备基本原料。堆肥以好气性微生物活动为主时，有机质迅速矿化生成较多的二氧化碳、水及其他养分物质，分解速度快而彻底，并放出大量热能；以嫌气性微生物活动为主时，有机质的分解速度慢，且往往不彻底，释放热能少，其分解产物除植物养分外，尚易积累有机酸及

CH_4、H_2S、PH_3、H_2等还原性物质，当其达到一定程度时，则对作物生长不利甚至有害。因此堆肥发酵期间的翻倒也是为了转换微生物活动类型，以消除有害物质。

（2）有机质的腐殖化过程。关于腐殖质的形成过程有很多种说法，概括起来大体可分为两个阶段：第一阶段，有机残体分解形成组成腐殖质分子的原始材料，如多元酚、含氮有机物（氨基酸、肽等）等；第二阶段，先由微生物分泌的多酚氧化酶将多酚氧化成醌，然后醌与氨基酸或肽缩合而成腐殖质单体。由于酚、醌、氨基酸种类很多，相互缩合的方式也不尽相同，因而形成的腐殖质单体也就多种多样。在不同条件下，这些单体又进一步缩合形成大小不等的分子。

2. 堆肥过程中重金属的转化

城市污泥中含有丰富的作物生长所需的各种养分及有机质，是堆肥发酵最佳原材料之一。但城市污泥中往往含有重金属，这些重金属一般指汞、铬、镉、铅、砷等。微生物特别是细菌、真菌在重金属的生物转化中起重要作用。虽然有些微生物可以改变重金属在环境中的存在状态，使化学物毒性增强而引起严重的环境问题或浓缩重金属，并通过食物链积累。但也有些微生物可以通过直接和间接的作用去除环境中重金属，有助于改善环境。如最早受到关注的造成环境污染的重金属——汞，微生物转化汞包括3方面，无机汞（Hg^{2+}）的甲基化、无机汞（Hg^{2+}）还原成HgO，甲基汞和其他有机汞化合物的裂解并还原成HgO。这些能将无机汞和有机汞转化为单质汞的微生物称为抗汞微生物。微生物虽然不能降解重金属，但通过对重金属的转化作用，控制其转化途径，可以达到减轻毒性的作用。

4.2.3 有机废弃物生产高效有机肥工艺

1. 有机肥生产工艺

以固体废弃物为主要原料生产有机肥，目前多采用的是堆肥技术，特别是好氧堆肥，该技术具有分解氧化较为彻底，产生恶臭较少的特点。堆肥技术是利用微生物的作用先将固废中易腐化的有机物质进行分解，转变成富含有机质和含有一定量氮、磷、钾等营养元素的熟料，然后根据土壤自然生态结构特点和农作物的生长所必需的营养元素、微量元素和具有固氮、解钾、溶磷等活性作用的有益微生物，配制生产菌液产品。堆肥产生的固剂与培养微生物所制成的菌液相结合可生产出具有综合效应的有机肥。

有机肥的生产工艺流程包括固剂载体的生产、菌液的生产以及颗粒肥的生产。首先是收集并选取不同类型的固体废弃物，对其进行前期的筛选、处理，并按各自的功能效用进行配比。之后，在对环境、技术条件等的控制下进行堆肥，腐熟后破碎、筛分、烘干，成为固剂载体。与此同时进行的是微生物的培养、营养液的配制及菌液的制备。最后可将固剂与菌液混合并进行造粒等工序而生产出有机肥。

堆肥实际就是废弃物稳定化的一种形式，但它需要特殊的湿度、通气条件和微生物以产生适宜的温度。一般认为这个温度要高于 45℃，保持这种高温可以使病原菌失活，并杀死杂草种子。在合理堆肥后残留的有机物分解率较低、相对稳定并易于被植物吸收。堆肥后臭味可以大大降低。

堆肥过程主要靠微生物的作用进行，微生物是堆肥发酵的主体。由于原料和条件的变化，各类微生物的数量也在不断发生变化，每一个环节都有特定的微生物菌群，微生物的多样性使得堆肥在外部条件出现变化的情况下仍可避免系统崩溃。参与堆肥的微生物有两个来源：一是有机废弃物里面原有的大量微生物；另一是人工加入的微生物接种剂。这些菌种在一定条件下对某些有机废物具有较强的分解能力，具有活性强、繁殖快、分解有机物迅速等特点，能加速堆肥反应的进程，缩短堆肥反应的时间。堆肥一般分为好氧堆肥和厌氧堆肥两种。好氧堆肥是在有氧情况下有机物料的分解过程，其代谢产物主要是二氧化碳、水和热；厌氧堆肥是在无氧条件下有机物料的分解过程，厌氧分解最后的代谢产物是甲烷、二氧化碳和许多低分子量的中间产物，如有机酸等。

参与堆肥过程的主要微生物种类是细菌、真菌以及放线菌。这 3 种微生物都有中温菌和高温菌。堆肥过程中微生物的种群随温度的变化发生如下的交替变化：低、中温菌群为主转变为中高温菌群为主，中高温菌群为主转化为中低温菌群为主。随着堆肥时间的延长，细菌逐渐减少，放线菌逐渐增多，霉菌和酵母菌在堆肥的末期显著减少。

有机堆肥的发酵过程简单可分为以下 4 个阶段：

（1）发热阶段。堆肥制作初期，堆肥中的微生物以中温、好气性的种类为主，最常见的是无芽孢细菌、芽孢细菌和霉菌。它们启动堆肥的发酵过程，在好气性条件下旺盛分解易分解有机物质（如简单糖类、淀粉、蛋白质等），产生大量的热，不断提高堆肥温度，从20℃左右上升至40℃，称为发热阶段，或中温阶段。

（2）高温阶段。随着温度的提高，好热性的微生物逐渐取代中温性的种类而起主导作用，温度持续上升，一般在几天之内即达50℃以上，进入高温阶段。在高温阶段，好热放线菌和好热真菌成为主要种类。它们对堆肥中复杂的有机物质（如纤维素、半纤维素、果胶物质等）进行强烈分解，热量积累，堆肥温度上升至60～70℃，甚至可高达80℃。随即大多数好热性微生物也大量死亡或进入休眠状态（20d以上），这对加快堆肥的腐熟有很重要的作用。不当的堆肥，只有很短的高温期，或者根本达不到高温，因而腐熟很慢，在半年或者更长时期内还达不到半腐熟状态。

（3）降温阶段。当高温阶段持续一定时间后，纤维素、半纤维素、果胶物质大部分已被分解，剩下很难分解的复杂成分（如木质素）和新形成的腐殖质，微生物的活动减弱，温度逐渐下降。当温度下降到40℃以下时，中温性微生物又成为优势种类。

如果降温阶段来得早，表明堆制条件不够理想，植物性物质分解不充分。这时可以翻堆，将堆积材料拌匀，使之产生第二次发热、升温，以促进堆肥的腐熟。

（4）腐熟保肥阶段。堆肥腐熟后，体积缩小，堆温下降至稍高于气温，这时应将堆肥压紧，造成厌气状态，使有机质矿化作用减弱，以利于保肥。

简而言之，有机堆肥的发酵过程实际上就是各种微生物新陈代谢、繁殖的过程。微生物的新陈代谢过程即有机物分解的过程。有机物分解必然会产生能量，这些能量推动了堆肥化进程，使温度升高，同时还可干燥湿基质。

许多堆肥用的基质携带人类、动植物的病原体以及令人讨厌的生物如杂草种子。在堆肥过程中，通过短时间的持续升温，可以有效地控制这些生物的生长。因此，高温堆肥的一个主要优势就是能够使人和动植物病原体以及种子失活。

病原体以及种子失活是由于其细胞死亡，而细胞的死亡很大程度上基于酶的热失活。在适宜的温度下，酶的失活是可逆的，但在高温下是不可逆的。在一个很小的温度范围内酶的活性部分将迅速降低。如没有酶的作用，细胞就会失去功能，然后死亡。只有少数几种酶能够经受住长时间的高温。因此，微生物对热失活非常敏感。

研究表明，在一定温度下加热一段时间可以破坏病原体或者是令人讨厌的生物体。通常在60～70℃（湿热）的温度下，加热5～10min，可以破坏非芽孢细菌和芽孢细菌的非休眠体的活性。利用加热灭菌，在70℃条件下加热30min可以消灭污泥中的病原体。但在较低温度下（50～60℃），一些病原菌的灭活则可长达60d。因此堆肥过程中保持60℃以上温度一段时间是必需的。

堆肥制作过程中，必要时应进行翻堆。一般在堆温越过高峰开始降温时进行，翻堆可以使内层外层分解温度不同的物质重新混合均匀。如湿度不足可补加一些水，促进堆肥均匀腐熟。

堆肥过程中的各种生物、微生物的死亡、更替及物质形态转化都是同时进行的，上述分块介绍是从不同角度对堆肥发酵原理进行了简单介绍，无论是从热力学、生物学还是物质转化角度，这些反应都不是短时间能够完成的，这也是为什么即使各种温度、湿度、水分、微生物等条件都控制得很好的前提下，堆肥仍要经历45～60d时间的原因。

2. 生产工艺的技术要点

（1）在有机肥的生产过程中需有效地控制影响有机废物发酵、微生物繁殖的各因素。主要的影响因素为有机质含量、含水率、碳氮比、堆肥过程的氧浓度和温度以及pH值等。一方面，通过对诸因素的控制满足各微生物菌种的生长繁殖所必需的碳氮比、温度、湿度、pH值、氧量及其他的营养元素；另一方面，不同的营养物质含量可产生不同效果的肥效，比如含碳量高有助于土壤真菌增多，氮则有助于土壤细菌增多，而钙对于作物抗病有明显的效用。

（2）对堆肥产生的恶臭需加以防治与控制，避免二次污染。在堆料中加入发酵剂或快速分解菌可在较短时间内消减臭气，且感观效果较好；或者对堆肥场产生的恶臭气体以生物除臭技术等进行处理。

（3）严格控制原料中的重金属含量，防止在后期的生产过程中微生物中毒，以及成品有机肥中重金属超标，污染土壤及农作物。

（4）成品经过分析检测，其有机质、腐殖酸、氮、磷、钾及其他微量元素含量、活菌数等应达到或超过国家标准。

3. 生产有机肥的效益

(1) 环境、社会效益

1) 有机肥的使用减少了化肥的施用量，同时减轻了化肥施用所带来的土壤环境污染、农作物产量低及品质差以及导致的周围空气与水体污染、特别是对人类健康的直接和间接影响。

2) 有机肥的应用在一定程度上缓解了目前越来越多的有机固体废弃物的污染问题，减少了大面积的土地占用问题，改善了固废堆积所散发的恶臭对空气的污染，抑制了蚊虫等滋生而引起的病原体传播。

3) 有机固体废弃物的产生量较大，有机肥的生产以其作为主要的生产原料，较大程度地实现了固体废弃物的减量化。

4) 有机肥的施用使土壤环境与土壤结构、功能得到改善，为实施农业可持续发展战略提供了保障。

5) 随着社会对环境保护的日益重视和生态农业的迅速发展，人们越来越推崇无公害食品，有机肥作为优质的“绿色肥料”，也必将推动新兴的“绿色产业”。

(2) 经济效益

1) 我国的有机废物每年的排放量是相当可观的，其中所含的有机成分及氮、磷等有效成分是一笔不小的财富。比如，一个年出栏 10000 头猪的养猪场，平均每天的粪便排放量达 17.5t，其中氮和磷的排放量分别可达到 105kg 和 70kg。

2) 化肥生产需消耗大量的能源，有机肥的施用意味着化肥使用量的减少，于是就减少了能源的消耗，并使氮的利用率提高，在相同作物产量的情况下，可节约氮肥 30%以上。

3) 有机肥作为一种新型肥料，它集化肥、农家肥的优点于一身，且肥效稳定，使得农作物增产明显，这也必将带来可观的经济收益。

4. 有机肥的发展趋势与应用前景

(1) 有机肥技术的发展趋势

世界各国都在加大有机肥的开发生产和推广应用力度，从国内外现状来看，有机肥技术的研究发展趋势主要体现在：①实现有机肥类型的多元化生产，包括粒状、粉状、液体型以及富含不同营养元素和微生物种类的不同功能的有机肥类型；②不断加强生物技术在生产中的渗透和结合，选育、改造和重组新的菌种，并组合和使用联合菌群，拓宽有机肥的作物应用范围以及多功能化；③提高对有机废物的利用率，尽量选用能耗低的生产工艺技术，严格控制能耗、物耗指标；④随着技术的发展，不断建立新的标准，控制、提高产品质量，加强质检条件的建设，提高产品质量检测的能力。

（2）有机肥的应用前景

发展有机肥既是提供作物营养、实现农业增产增收的需要，也是保护土壤肥力与农村环境、实现循环经济的需要。我国充足的有机废物资源为有机肥的生产提供了可靠的原料保障。无论是发展可持续的生态农业、发展无公害、无污染的绿色农产品生产，还是减少农药和化肥的田间施用量以减少环境污染、降低生产成本以及推动生物技术的发展和高新技术的渗透，都将使得有机肥的生产与应用具有良好的前景。

4.3 有机废弃物产沼气

沼气的建设与推广对于农村能源建设、肥料建设、净化环境、保护农民健康有着十分重要的意义。在生态农业建设中，沼气又是系统能量转换、物质循环及有机废料综合利用的中心环节，是联系初级生产者、初级消费者和分解者的纽带，对于建立农业循环体系、保持系统的生态平衡起着极重要的作用。

在没有沼气的农业循环中，农业废弃物，如秸秆不是直接燃烧，就是直接还田，或用作饲料后转换成粪便还田，它们都未能做到对能量和物质的充分利用，这样的农业循环只是部分利用的循环，是不完全的。而引进沼气以后，保证了能量流动和物质循环渠道的畅通，使循环变得完善得多，同时大大地提高了能量和物质的利用效果。例如，秸秆用做能源直接燃烧仅利用其能量的10%左右，而通过发酵产生沼气，其能源的利用率可提高到60%。

十多年来，沼气的作用已逐渐被广大农民所认识，因此发展较快。

4.3.1 有机废弃物发酵的原理、条件及运行管理

1. 沼气发酵原理

(1) 沼气发酵原理

沼气发酵又称厌氧发酵，是指利用农作物秸秆、人畜粪便以及工农业排放废水中所含的有机物等各种有机物，在厌氧条件下，被各类沼气发酵微生物分解转化，最终生成沼气的过程。沼气发酵主要分为液化、产酸和产甲烷三个阶段进行，如图 4-6 所示。

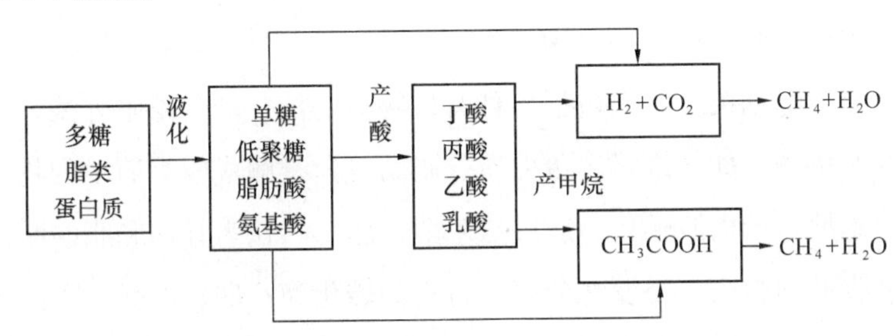

图 4-6 沼气发酵的基本过程示意图

1）液化阶段。农作物秸秆、人畜粪便、垃圾以及其他各种有机废弃物，通常是以大分子状态存在的碳水化合物，如淀粉、纤维素及蛋白质等。它们不能被微生物直接吸收利用，必须通过微生物分泌的胞外酶（如纤维素酶、肽酶和脂肪酶等）进行酶解，分解成可溶于水的小分子化合物（即多糖水解成单糖或双糖，蛋白质分解成肽和氨基酸，脂肪分解成甘油和脂肪酸）。这些小分子化合物进入到微生物细胞内，进行的一系列生物化学反应，这个过程称为液化。

2）产酸阶段。液化完毕后，在不产甲烷微生物群的作用下，将单糖类、肽、氨基酸、甘油、脂肪酸等物质转化成简单的有机酸（如甲酸、乙酸、丙酸、丁酸和乳酸等）、醇（如甲醇、乙醇等）以及二氧化碳、氢气、氨气和硫化氢等，由于其主要的产物是挥发性的有机酸（其中以乙酸为主，占 80%），故此阶段称为产酸阶段。

3）产甲烷阶段。产酸阶段完成后，这些有机酸、醇以及二氧化碳和氨气等物质又被产甲烷微生物群（又称产甲烷细菌）分解成甲烷和二氧化碳，或通过氢气还原二氧化碳形成甲烷，这个过程称为产甲烷阶段。

（2）沼气发酵的工艺条件

沼气发酵微生物要求有适宜的生活条件，对温度、酸碱度、氧化还原势及其他各种环境因素都有一定的要求。在工艺上只有满足微生物的这些生存条件，才能达到发酵快、产气量高的目的。实践证明，往往由于某一条件没有控制好而导致整个系统运行失败。因此，控制好沼气发酵的工艺条件是维持正常发酵产气的关键。

1）沼气发酵的微生物群。沼气发酵是由多种微生物在没有氧气存在的条件下分解有机物来完成的。不同发酵原料和条件下沼气微生物的种类会有所不同。通常把参与沼气发酵的微生物分为三类。

第一类叫发酵细菌。它们包括各种有机物分解菌，能分泌胞外酶，主要作用是将复杂的有机物（如纤维素、蛋白质、脂肪等）分解成较为简单的物质。例如多糖转化为单糖，蛋白质转化为肽或氨基酸，脂肪转化为甘油和脂肪酸。上述可溶性物质吸收进细胞内，经发酵分解，将它们转化为乙酸、丙酸、丁酸等和醇类及一定量氢气、二氧化碳。参与这一水解发酵过程的微生物种类繁多，已研究过的就有几百种，包括梭状芽孢杆菌、拟杆菌、丁酸菌、乳酸菌、双歧杆菌和产氢螺旋体等。这些细菌多数为厌氧菌，也有兼性厌氧菌。

第二类叫产氢产乙酸菌。发酵细菌将复杂有机物分解发酵产生有机酸和醇类，除甲酸、乙酸和甲醇外，其他物质均不能被产甲烷菌直接利用，必须由产乙酸菌将其他有机酸和醇类分解转化为乙酸、氢气及二氧化碳。主要反应过程如下：

丙酸　$$CH_3CH_2COOH+2H_2O \rightarrow CH_3COOH+CO_2+3H_2 \quad (4\text{-}1)$$

丁酸　$$CH_3CH_2CH_2COOH+2H_2O \rightarrow 2CH_3COOH+2H_2 \quad (4\text{-}2)$$

乙醇　$$CH_3CH_2OH+H_2O \rightarrow CH_3COOH+2H_2 \quad (4\text{-}3)$$

乳酸　$$CH_3CHOHCOOH+H_2O \rightarrow CH_3COOH+CO_2+2H_2 \quad (4\text{-}4)$$

第三类细菌叫产甲烷菌。它们的作用是在厌氧条件下，在没有外源受氢体的情况下，把乙酸、氢气和二氧化碳转化为气体产物甲烷，使厌氧消化系统中有机物的分解作用得以顺利进行。根据所利用的主要产甲烷前体物质的不同，可将其分为食氢产甲烷菌和食乙酸产甲烷菌两个类群。食氢产甲烷菌包括甲烷杆菌目和甲烷球菌目的一些属，它们除以氢气或二氧化碳生成甲烷外，多数还可利用甲酸盐生成甲烷。如甲烷杆菌属、甲烷短杆菌属、甲烷球菌属和甲烷螺菌属等，是消化器中氢气的主要消耗者。食乙酸产甲烷菌的代谢和生长速率缓慢，是沼气发酵过程的限速步骤，也是发酵液因乙酸积累导致酸化的主要原因。

通过对以上沼气发酵中各微生物类群的讨论，可以认识到，在实际的沼气发酵过程中这三类微生物既相互协调，又相互制约，共同完成产沼气过程。如果没有沼气细菌作用，沼气池内的有机物本身是不会转变成沼气的。所以沼气发酵启动时要有足够数量含优良沼气细菌的接种物，这是制取沼气的重要条件。

在农村，含有优良沼气菌种的接种物，普遍存在于粪坑底污泥、下水污泥、沼气发酵的渣水、沼泽污泥、豆制品作坊下水沟中的污泥，这些含有大量沼气发酵细菌的污泥称为接种物。沼气发酵加入接种物的操作过程称为接种，新建沼气池头一次装料，如果不加入足够数量含有沼气细菌的接种物，常常很难产气或产气率不高，甲烷含量低无法燃烧。另外，加入适量的接种物可以避免沼气池发酵初期产酸过多而导致发酵受阻。

2）沼气发酵的原料。沼气发酵原料是产生沼气的物质基础，又是沼气发酵细菌赖以生存的养料来源。因为沼气细菌在沼气池内正常生长繁殖过程中，必须从发酵原料里吸取充足的营养物质，如水分、碳素、氮素、无机盐类和生长素等，用于生命活动，成倍繁殖细菌和产生沼气。各种农业剩余物，如猪、马、牛、羊等家畜及家禽饲养场的粪便等，各种农作物的秸秆、杂草、树叶等以及农产品加工的废物、废水，如味精、柠檬酸、淀粉、豆制品等加工的废水都是良好的沼气发酵原料，或者说各种有机废弃物、废水都可以用厌氧消化方法来进行处理。

有机物中的碳水化合物如秸秆中的纤维素和淀粉是细菌的碳素营养，有机物中的有机氮如畜粪尿中的含氮物质则是细菌的氮素营养。当有机物被细菌分解时，其中一部分有机物的碳素和氮素被同化成菌体细胞以及组成其他新的物质，另一部分有机物则被产酸细菌分解为简单有机物，后经甲烷菌的作用产生甲烷。因此，沼气发酵时，原料不仅需要充足，而且需要适当搭配。保持一定的碳、氮比例，这样才不会因缺碳素或缺氮素营养而影响沼气的产生和细菌正常繁殖。

3）发酵原料浓度。沼气池中的料液在发酵过程中需要保持一定的浓度，才能正常产气运行，如果发酵料液中含水量过少、发酵原料过多，发酵液的浓度过大，产甲烷菌又食用不了那么多，就容易造成有机酸的大量积累，结果使发酵受到阻碍。如果水太多，发酵液的浓度过稀，有机物含量少，产气量就少。所以沼气池发酵必须保持一定的浓度，根据多年实践农村沼气池一般采用6%～10%的发酵液浓度较适宜。在这个范围内，沼气的初始启动浓度要低一些便于启动。夏季和初秋池温高，原料分解快，浓度可适当低一些，冬季、初春池温低，原料分解慢，发酵液浓度保持在10%为宜。

4）碳、氮、磷的比例。发酵料液中的碳、氮、磷元素含量的比例，对沼气生产有重要的影响。研究表明，碳氮比以（20～30）：1为佳；碳、氮、磷比例以10：0.4：0.8为宜。对于以生产农副产品的污水为原料的，一般氮、磷含量均能超过规定比例下限，不需要另外投加。但对一些工业污水，如果氮、磷含量不足，应补充到适宜值。

5）严格的厌氧环境。沼气发酵微生物包括产酸菌和产甲烷菌两大类，它们都是厌氧性细菌，尤其是产甲烷菌，对氧特别敏感，它们不能在有氧的环境中生存，哪怕只有微量的氧存在，微生物的生命活动也会受到抑制，甚至死亡。因此，建造一个不漏水、不漏气的密闭沼气池（罐），是人工制取沼气的关键。

6）发酵温度。发酵温度对产生沼气的多少有很大影响，这是因为在最适宜的温度范围内温度越高，沼气细菌的生长、繁殖越快，产沼气就越多；如果温度不适宜，沼气细菌生长发育慢，产气就少或不产气。所以，温度是生产沼气的重要条件。

一般沼气细菌在8～60℃范围内都能进行发酵。人们把沼气发酵划分为三个发酵区，即常温发酵区10～26℃；中温发酵区28～38℃，最适温度为35℃；高温发酵区46～60℃。农村的沼气发酵，因为条件的限制，一般都采用常温发酵。冬季池温低产气少或不产气。为了提高沼气池温度使沼气池常年产气，在北方寒冷地区多把沼气池修建在日光温室内或太阳能禽畜舍内，使池温增高，提高了冬季的产气量，达到常年产气。

7）pH值。沼气发酵是在中性条件下的厌氧发酵，这与乳酸发酵不同，pH值下降沼气发酵就会终止。而pH值的变化受发酵液中挥发酸浓度和碱度的影响。沼气发酵的最适pH值为6.8～7.4，6.4以下或7.6以上都对产气有抑制作用。pH值在5.5以下，产甲烷菌的活动则完全受到抑制。pH值上升至8甚至

8.5时，仍能保持相当高的产气率。这是因为过高的氢离子浓度，既不利于酸化菌产生有机酸，又不适于大多数产甲烷菌的活动。

在沼气发酵过程中，pH值变化规律一般是：在发酵初期，由于产酸细菌的迅速活动产生大量的有机酸，使pH值下降；但随着发酵继续进行，一方面氨化细菌产生的氨中和了一部分有机酸，另一方面甲烷菌群利用有机酸转化成甲烷，这样使pH值又恢复到正常值。这样的循环继续下去使沼气池内的pH值一直保持在7.0～7.5的范围内，是发酵正常运行。所以沼气池内的料液发酵时，只要保持一定的浓度、接种物和适宜的温度，它就会正常发酵，不需要进行调整。

8）搅拌。在分批投料发酵时，搅拌是使微生物与食物接触的有效手段，而在连续投料系统中，特别是高浓度产气量大的原料，在运行过程中由于进料和产气时气泡形成和上升过程所造成的搅拌则构成了食物与微生物接触的主要动力。

兰州化工厂的试验表明，当搅拌次数由每天1次增加到3次时，日产气量增加56%；而由3次增加到6次时，日产气量仅增加4%，而且气体中的甲烷含量却由60%降到47%。这项研究说明了适当搅拌可促进反应，频繁搅拌反而不利。首都师范大学对成批投料系统的搅拌作用进行了研究，以玉米秸秆为原料，每天搅拌两次，每次15min。结果表明搅拌对发酵开始阶段增加产气效果明显，前5d可增加产气30%左右，随着发酵天数的延长，累计产气量则基本相同（表4-3）。这种情况说明，只有当底物充足，不是产气率的限制因素时，搅拌才能起到加快反应的作用。

搅拌对分批投料发酵产气量的影响 **表4-3**

搅拌方式	发酵5d		发酵10d		发酵20d		发酵31d		产气量/（干物质）
	产气量/L	%	产气量/L	%	产气量/L	%	产气量/L	%	mL/g
上部搅拌	16.6	131	28.8	108	48.1	103	56.0	100	311
下部搅拌	16.3	128	29.3	110	48.9	105	57.5	103	319
上下部搅拌	17.7	139	29.8	112	49.1	106	57.8	103	321
对照（无搅拌）	12.7	100	26.7	100	46.1	100	56.0	100	311

另一方面，在搅拌中还存在混合强度问题。缓慢和剧烈搅拌方式对微生物的

生长环境可能产生完全不同的效果，一般认为产甲烷菌的生长需要相对宁静的环境条件，可能的原因是，在厌氧消化过程中产甲烷菌和产氢产乙酸菌以互营联合关系存在于已形成特定结构的污泥中，如颗粒污泥，这种污泥结构有利于种间氢的转移，使沼气发酵有较高的效率。而当剧烈搅拌时，污泥结构将被破坏，导致互营菌分离，不利于种间氢转移，使沼气发酵效率降低。

常用的搅拌方法有 3 种：发酵液回流搅拌、沼气回流搅拌、机械搅拌。在工程上多采用液体回流或气体回流方式进行搅拌。

以上叙述了沼气发酵所要求的各方面条件，从中可以看出，沼气发酵受多方面因素的影响。同时各种因素的影响并非独立存在，而多互相关联、交叉作用。有很多问题还要通过更深入的研究与实践进一步明确。

2. 沼气池结构、工作原理

(1) 沼气池结构

目前，我国农村推广建造的水压式沼气池，一般是圆筒形和球形，其结构见图 4-7。沼气池一般均设有进料间、出料间、发酵间、气箱、活动盖板、导气管等。出料间一般兼作水压箱，因此，亦称为水压式沼气池。图 4-8 为农用沼气池的施工过程。

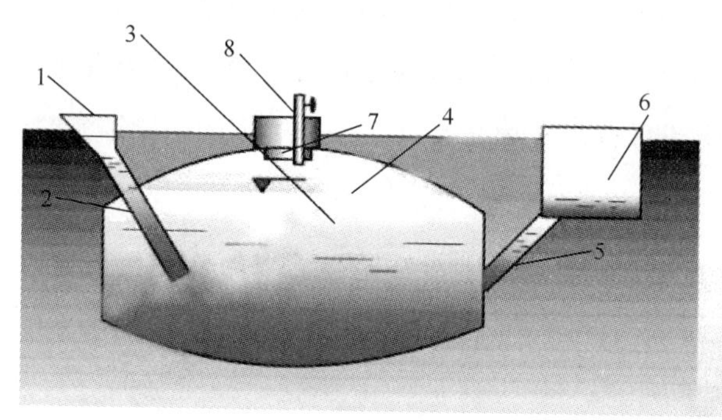

图 4-7 农村家用圆筒形水压式沼气池示意图

1—进料口；2—进料管；3—发酵间；4—储气部分；5—出料管；6—进料间（水压间）；7—活动盖；8—导气管

1) 进料口。一般用斜管插入发酵间，以方便进料。其下端开口位置的下沿在池底到气箱顶盖的 1/2 左右处。太高了，会减少气箱容气的体积；太低了，投入的发酵原料不易进入发酵间的中心部位。进料口的大小，根据沼气池的大小而

图 4-8　农用沼气池施工现场

定，一般不宜过大。

2）出料间。出料间（亦称水压箱）是根据储存沼气和维持沼气气压而设计的，并兼做平时小出料之用。体积大小由沼气池的容积大小而定，通常建一个 8m³沼气池，出料间一般以 1.5m³为宜。

3）发酵间与气箱。这两部分实际上是一个整体，沼气池容积下部是发酵间，上部是气箱，它们是产生和储存沼气的地方。因沼气轻又不溶于水，产生的沼气上升到盖板下气箱部分，沼气逐渐增多，就将料液挤压到进出料间。当沼气储存量逐渐增多时，池内压力随之增大。

发酵间与出料间下方设有通道，以便发酵后的料液进入出料间，供施肥时取用。通道上沿位置，应与进料间下口高度相同，通道的宽度至少 70cm，便于人进入发酵间进行维修和挖取沉渣。发酵间和气箱，应建在地面以下 30cm 左右。池体深一般 2～2.5m 为宜。地下水位高的地区池深可浅些。

发酵间和气箱的空间和为总容积，一般称为沼气池的有效容积。建一个多大的沼气池最为适宜？根据各地区的经验，全年农民用沼气做饭、照明，五口之家，平均每人建 1.5m³沼气池，若在八口以上家庭，平均每人建 1.2m³沼气池就够了。根据各省（市）经验，以四口之家为例，一般建一个 8～10m³的沼气池就够用了。

4）活动盖板。设置在池盖的顶部，一般为瓶塞状，现在多数采用椭圆反盖。活动盖板的作用，一是沼气池装好发酵原料，盖上活动盖板，使其密闭，不漏气。二是在沼气池维修和清除沉渣时，打开活动盖板，用以通风，保证人进入池内的安全。三是在沼气池大换料时，打开活动盖板，作为装入发酵原料的入口。

5）导气管。是安装在活动盖上的管件，是连接储气箱与输气管的装置。因此，导气管起着输出沼气的纽带和中枢作用。安装导气管时，一定要严紧，严防漏气、跑气。

（2）沼气池工作原理

水压式沼气池工作原理，其过程见图 4-9，分三个步骤进行。第一步，沼气池投入发酵原料之初，原料还未发酵产气。进料间、出料间和发酵间的料液在同一平面，如图 4-9（*a*）所示。第二步，发酵原料开始发酵，逐渐产生沼气，如图 4-9（*b*）所示。沼气集中到气箱里，并逐渐增多，把发酵间的料液逐渐挤压到进料口和出料口，这样，进出料间的液面就会高出发酵间的液面，沼气在储气箱积增到一定程度，压力逐渐增强，这时，沼气就会从导气管和输气口输出。第三步，沼气燃烧时，沼气逐渐减少，进出料的部分料液返回发酵间。由于不断产生沼气，发酵间的料液又被压到进料和出料间。料液面就这样因沼气的增加或减少而不断变化着，如图 4-9（*c*）所示。

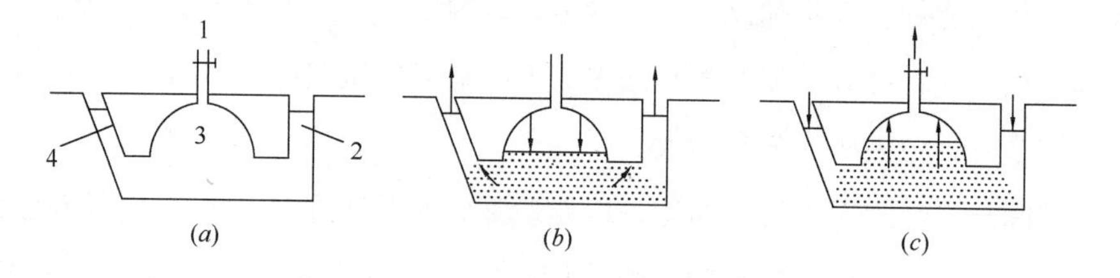

图 4-9 水压式沼气池工作原理

（*a*）沼气池投料阶段示意；（*b*）沼气池发酵产气阶段示意；（*c*）沼气导出阶段示意

1—沼气导气管；2—出料间；3—发酵间；4—进料间

3. 沼气池的运行与日常管理

（1）沼气池的运行

无论是新建成的沼气池或是大换料后的沼气池，从向沼气池内投入发酵原料和接种物（即沼气发酵菌种）起，到沼气池能下沉稳定地产生沼气为止，这个过程称为沼气发酵的启动。这一过程包括备料、投料、加水封、放气试火等步骤。

1）备料。将发酵原料按“发酵原料的预处理”程序，准备好接种物，如污水处理厂的污泥、河流底层的河泥、坑塘污泥、积粪底、老沼气池中的沼肥等。接种物数量以相当于发酵料液的 10%～30%为宜。

2）投料。将经过预处理的原料和接种混合在一起，投入沼气池内。投料时的浓度不宜过高，一般控制在干物质含量占6%（质量分数）左右。以粪便为主的原料，浓度可适当低些。

3）加水封。发酵原料和接种物入池后，要及时加水。农村水压式沼气池中的料液量应占发酵间容积的80%左右。加水后立即将活动盖板密封好。加入沼气池的水，可以用老沼气池中的料液、河水、坑塘污水，也可以用往日晒好的自来水或井水。

4）放气试火。沼气发酵启动初期，所产生的气体主要是经酸化菌作用产生的二氧化碳，不能燃烧。所以，当沼气压力表上的水柱达到40cm以上时，应放气试火。放气1～2次后，由于产甲烷菌数量的增长，所产气体中甲烷含量逐渐增加，产生的沼气即可点燃使用。

沼气发酵启动过程中，一旦发生酸化现象，往往表现为所产气体长期不能点燃或产气量迅速下降，甚至完全停止产气，发酵液的颜色变黄。根据酸碱度的不同，可采用不同的治理方法。当产气量迅速下降，但发酵液pH值不低于6时，由于沼气细菌的自然调节作用，有机酸不断被利用，pH值会逐渐上升，并恢复正常产气，但需要时间较长。为了加速这种自然调节作用，可向沼气池内增投一些接种物，以达到较好的效果。当pH值降到6时，则需取出部分发酵液，重新加入大量接种物或者老沼气池中的发酵液。也可以加入石灰水调节，使pH值调节到6以上，以达到正常产气的目的。

5）启动完成。当沼气池中所产生的沼气量基本稳定，并可点燃使用后，说明沼气池内微生物数量已达到高峰，酸化和甲烷化细菌的活动已趋于平衡，pH值也较适宜，这时沼气发酵的启动阶段即告结束。以后可进入正常运行，做好日常管理工作。

（2）沼气池的日常管理

沼气池能否常年正常运行，持续不断地供应充足的沼气和无公害的沼肥，关键问题是对它进行科学的日常管理。群众在管理沼气池实践中总结出的一条经验是“三分建池，七分管池”，这说明只有日常管理好，才能保证稳定均衡供气、供肥。因此，在沼气池发酵过程中需要注意控制和调整发酵条件，维持发酵产气的稳定性，使自家的沼气池产气好、产气旺。要达到以上效果，应按照以下操作要点，做好沼气池的日常管理、维护。

1）加料和出料管理。加入沼气池的发酵原料，经沼气细菌发酵，产生沼气，原料中的营养成分会逐渐地被消耗或转化，如果不及时补充新鲜原料，沼气细菌就会“吃不饱”、“吃不好”，产气量就会下降。为了保证沼气细菌有充足的食物、使产气正常持久，就要不断地补充新鲜原料，做到勤加料、勤出料。

小进料和小出料的数量根据农村小型沼气池发酵原料管理特点，一般每隔5～10d，进、出料各5%为宜，也可按1m^{3}沼气量进干料3～4kg的量加入发酵原料。“三结合”沼气池，由于人粪尿每天不断地自动流入池内，因此，平时只需添加堆后的秸秆发酵原料和适量的水，以保持发酵料液在池内的浓度。同时也要定期小出料，以保持池内一定数量的料液。小进料和小出料时应注意以下事项：①先出料，后进料，原则上要做到出多少，进多少，以保持储气室容积的相对稳定。②注意出料时料液液面高度。要保证剩下的料液液面不低于进料管下口和出料管下口的上沿，以免池内沼气从进料口和出料口跑掉。③出料后要及时补充新鲜的新料。若一次补充的发酵原料不足，可加入一定数量的水，以保持原有水位，使池内沼气具有一定的压力。

2）发酵原料搅拌。沼气池内的发酵原料，在静止状态下，分为浮渣层（上层）、发酵液层（中层）和发酵沉渣层（下层）。上层发酵原料较多，但沼气细菌较少，原料没有充分利用。如果浮渣层太厚，还会形成结壳，影响沼气进入储气室。中层水分较多，发酵原料少。下层发酵原料多，沼气细菌也多，是产生沼气的主要部分。但如果不经常搅拌发酵原料，就会使其上层形成很厚的结壳，阻止下层产生的沼气进入储气室，降低沼气的产量。

3）pH值测定和调节维护。沼气细菌适宜在中性或微碱性环境条件下生长繁殖，酸性过强（pH值<6）或碱性过强（pH值>8）都对沼气细菌活动不利，造成产气率下降，甚至停止产气。因此，必须经常用比色板或pH试纸测定。目前，农村小型户用沼气池一般出现偏酸的情况较多，特别是发酵初期，由于投入秸秆类的原料多和接种物不足，常会使酸化速度加快，大大超过甲烷化速度，造成挥发酸大量积累，使pH值下降到5.5以下，严重抑制沼气细菌活动，使产气率下降。为了加速沼气的产生，可采取某些简易措施进行调节，如取出部分发酵原料，补充相等或稍多一些的含氮发酵原料和水；将人、畜粪尿拌入草木灰，一同加到沼气池内，可以调节 pH 值，还能提高产气率。加入适量的石灰水调节 pH 值，但必须使用得当，不能直接加入石灰水，而要加入石灰水的澄清液，与发酵液混合均匀，避免强碱对沼气细菌活性的破坏。

沼气池内的发酵原料，经过一段时间的发酵后，由于其中的有机碳素不断被消化，会使 pH 值逐渐上升，当 pH 值上升至 8 以上时，就会造成发酵原料液过碱，也会影响沼气的产生。此时应向沼气池内加入一些新鲜的牛粪、马粪、秸秆和青草，并加水调节到适宜的浓度。

（3）沼气池的酵液浓度控制

沼气池内的发酵原料，必须含有适量的水分才有利于沼气细菌的日常生活和沼气的产生。因为沼气细菌吸收养分、排泄废物和进行其他生命活动，都需要有适宜的水分，水分过多过少都不利于沼气细菌的活动和沼气的产生。若含水量过多，发酵相对减少，单位体积的产气量就少；如果含水量过少，发酵液太浓，容易积累大量有机酸，在发酵原料的上层也容易形成硬壳，使沼气发酵受到阻碍，影响沼气产量。根据试验研究和实践经验证明，农村小型沼气池发酵原料的浓度（指料液中的干物质含量）一般应为 6%～12%，最低不小于 5%，最高不超过 15%。夏天可低一些，冬天应高一些。沼气发酵虽然是一个十分复杂的生物化学过程，但在严格厌氧条件下（即池体不漏水、不漏气），通过观察水压间料液的变化，可大体得知池内发酵、产气情况。通常，料液呈酱油色，液面泡沫厚积，这标志着池内发酵、产气都很正常。而当出现下述情况，应采取适当措施加以处理。

1）料液呈灰色，液体浓度稀。这种情况称“清汤寡水”，常出现于新池初投料或老池大换料时，说明池内发酵欠佳，没有产气或产气很少。主要原因可能是：①发酵原料不足，沼气微生物缺乏丰富的营养物质，应立即补充精料，并多加搅拌。②池内缺少菌种，发酵启动缓慢，应及时加入一些产气良好的沼渣、沼液，或下水道、阴沟里的污泥。新池初投料，接种物应占总料量的 25%左右；老池大换料，就遵循“出稠留稀”的原则，尽量留下“老水”，以保证发酵所需的足够菌种。③原料未按要求进行堆处理，入池后加了冷水，使料液温度一直较低。发酵原料应堆升温后再加水，冬季可添加一些马粪、酒糟之类的热性原料。

2）料液呈黑色，液面生白膜。在发酵原料充足的情况下，夏秋季节投料密封超过 5～7d、冬春季超过 15～20d 后易出现此种状况。这主要是池内发酵液偏酸所致，可加适当的草木灰或石灰水进行中和。应该指出的是：沼气发酵微生物有很强的适应能力，酸碱度一般都能自动趋于平衡，只是需要一定的时间。在接种物不足或气温偏低的情况下，平衡有时甚至长达数月之久，虽对用气有所影响，令人心烦，但不能急躁，如无技术人员指导，最好不要擅自处理，以免得不偿失。在正常产气之前，应耐心坚持搅拌，以防池内结壳。

3）料液呈黄色，液内翻沉渣。这种现象一般是发酵浓度过大，池内料液不足造成的。可以从出料间掏出部分粗渣，再从进料口添加一些淡粪水或清水，使料液不少于池深的 2/3。

4）水压间液面冒气泡，而压力计显示压力很小或无压力。这有两种可能：一是池内料液上表已经结壳，产气难以进入储气室，应揭盖搅拌破壳；二是输气管道堵塞，应检查、疏通。

（4）沼气池的越冬管理

冬、春季气温低，沼气池内的温度下降，沼气产量受到一定影响，为了使冬春季产气好，必须加强越冬管理。采取的主要措施是：

1）入冬前，沼气池要彻底换料一次。加足新料以保证冬季发酵需要的养料，促进甲烷菌的活动。发酵浓度可在 8%左右，要加太阳晒过的温水以便提高池温。北纬 38°以北地区可在 9 月中旬或 10 月初结合日光温室施用底肥进行换料，在大换料时应该做到：大换料前 20d 停止进料；备足新料；换料时要清除池底难以消化的残渣或沉积的泥沙等杂物；沼气池内要保留 20%～30%含有沼气细菌的活性污泥和料液作为接种物。大换料不要在低温季节进行，当池温、气温在 10℃以下时不能大换料，因低温下沼气池不易启动，一般北纬 38°以北地区不宜在 11 月至次年 4 月大换料，38°～33°地区不宜在 12 月初至次年 3 月中旬大换料。

2）四结合模式的禽畜舍的粪便应放到模式外堆，畜禽舍南屋屋面要和日光温室同期覆盖塑料薄膜；三结合模式南屋屋面也要在入冬前覆盖塑料薄膜以便提前贮热相应增加池温。非三、四结合的沼气池进口料口要加盖。并在大于池体面积上边用塑料覆盖，上边堆码柴草或覆土或堆发酵原料进行防寒，覆盖厚度应超过当地冻土层的 30cm。

3）做好安全发酵。在池内沼气细菌接触到有害物质时会中毒，轻者停止繁殖，重者死亡，造成沼气池停止产气。因此，不要向池内投入有害物质，包括各种剧毒农药（特别是有机杀菌剂、抗生素、驱虫剂等）、重金属化合物、含有毒性物质的工业废水/盐类、刚消过毒的禽畜粪便、喷洒了农药的作物茎叶以及能做土农药的各种植物如苦皮藤、桃树叶、百部、马钱子果等。另外，辛辣物如葱、蒜、辣椒、韭菜、萝卜等的秸秆以及电石、洗衣粉、洗衣水都不能进入沼气池。如果发现中毒，应该将池内发酵料液取出一半，再投入一半新料。

（5）沼气池的安全管理

1）沼气池的进、出料口要加盖，以防人、畜掉进去造成伤亡。

2）每口沼气池都要安装压力表，经常检查压力表水柱变化。当沼气池产气旺盛时，池内压力过大，要立即用气、放气，以防胀坏气箱，冲开池盖造成事故。如果池盖已经冲开，需立即熄灭附近烟火，以避免引起火灾。

3）严禁在沼气池出料口或导气管口点火，以避免引起火灾或造成回火致使池内气体爆炸，破坏沼气池。

4）经常检查输气管道、开关、接头是否漏气，如果漏气要立即更换或修理，以免发生火灾。不用气时要关好开关。在厨房如嗅到臭鸡蛋味，要开门开窗并切断气源，人也要离开，待室内无味时，再检修漏气部位。

5）在输气管道最低的位置要安装凝水瓶（积水瓶）防止冷凝水聚集冻冰，堵塞输气管道。

6）安全入池出料和维修人员进入沼气池前，先把活动盖和进出料口盖揭开，清除池内料液，敞1～2d，并向池内鼓风排出残存的沼气。再用鸡、兔等小动物试验。如没有异常现象发生，在池外监护人员监护下方能入池。入池人员必须系安全带；在入池后有头晕、发闷的感觉，应立即救出池外；禁止单人操作。入池操作时，可用防爆灯或电筒照明，不要用油灯、火柴或打火机等照明。

7）定期清池除渣。根据农时、种植用肥的需要，一般每隔3个月左右小清一次（不包括"三结合"沼气池的随进料随出料）、一年左右大清1～2次。大换料前20～30d，应停止进料，以免浪费发酵原料。要备足发酵原料，做到大出料后能及时加足新料，以便使沼气池能很快重新产气和使用。大换料时，要清除沼气池内的全部残渣和部分料液，留下10%～30%的池底污泥作为接种物，以加快新料的腐熟和产气。

8）大换料时，要严防中毒及其他事故发生。

4.3.2　沼气的综合利用

1. 沼气气调技术

沼气气调技术是将沼气作为一种环境气调制剂，在密闭条件下利用沼气中甲烷和二氧化碳含量高、含氧量极少、甲烷无毒的性质和特点来调节储藏环境中的气体成分，造成一种高二氧化碳低氧气的状态，以控制果蔬、粮食的呼吸强度，减少储藏粮食等储藏过程中的营养基质的消耗，防治虫、霉、病、菌，达到延长储藏时间并保持良好品质的目的。生产中用于果品、蔬菜的保鲜贮藏和粮食、种子的灭虫贮藏，是一项简便易行、投资少、经济效益显著的实用技术。

（1）沼气气调保鲜

沼气气调保鲜是根据不同果蔬的生理特点，由专业部门提供的相应指标（即气调工艺参数），通过专用的测试和控制设备，调控贮藏环境中的氧气、二氧化碳含量，温度及湿度，达到降低果蔬呼吸强度，延缓养分的分解过程，使其保持原有的形态、色泽、风味、质地和营养功效。沼气气调技术实质是调整果品存储环境和气体成分比例的一种低温存储方法。利用沼气中的甲烷、二氧化碳含量高和氧气含量低的特点，使果实的呼吸、蒸发作用降到最低程度，又不至于因窒息发生生理病害，可使存储期延长 2 个月左右，还能降低存储果子的坏果率。在水果生产地区，果农修建沼气池并利用沼气气调贮藏水果是不错的选择。

（2）沼气气调贮藏粮食

沼气贮粮就是在密封的条件下，减少粮堆中氧气的含量，以控制粮食的呼吸强度，减少贮藏过程中物质消耗，使各种危害粮食的害虫因缺氧而死亡，达到延长贮藏时间并保持良好品质的目的。它具有方法简单、操作方便、投资少、无污染等多种优点，既可为广大农户采用，又可在中、小型粮仓中应用。有试验表明，沼气贮粮后，米象 96 小时后不再复活，锯谷盗、拟谷盗等 72 小时后不再复活，沼气除虫率可到达 98.8%，见表 4-4。沼气储粮方法分为农户储粮和粮仓储粮两类。其中农户储粮量一般较少，常用坛、罐、桶等容器储粮，可串联多个储粮容器，装置示意图见图 4-10。粮库储粮量很大，它由粮仓、沼气进出系统、塑料薄膜封盖组成，且各部分必须密闭不漏气，粮库储粮装置见图 4-11。

沼气储粮效果 表 4-4

处理	含水率/%	仓内温度/℃	虫密度/（个·kg^{-1}）	发芽率/%	酸度（pH 值）
对照仓	14.8	39.0	182	85	4.80
供试仓	12.8	24.0	0	89	1.46
供试仓比对照仓	降低 13.5%	降低 38.5%	减少 100%	提高 4.71%	降低 3.34

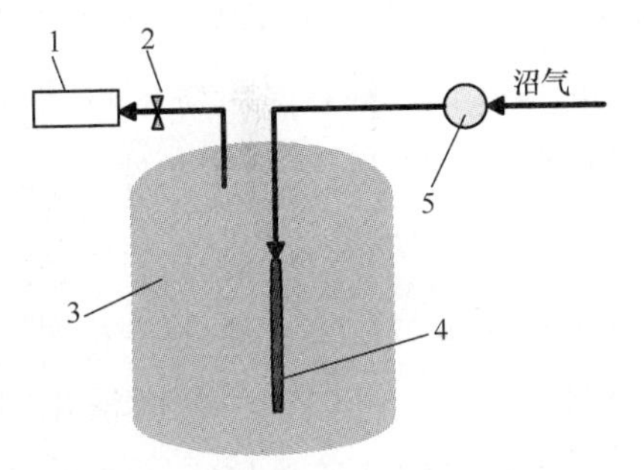

图 4-10 农户家用沼气储粮装置示意图

1—沼气炉；2—开关；3—储粮容器；4—沼气分配管；5—沼气流量计

沼气储粮无污染，价格低。在粮食收获季节温度高，沼气池产气稳定，有利于采用沼气储粮。目前，这一方法已得到较为广泛的应用。

2. 沼气发电技术

沼气发电技术分为纯沼气电站和沼气-柴油混烧发电站，按规模分为 50kW 以下的小型沼气电站、50～500kW 的中型沼气电站和 500kW 以上的大型沼气电站。

沼气发电系统主要由消化池、汽水分离器、脱硫化氰及二氧化碳塔、储气柜、稳压箱、发电机组（即沼气发动机和沼气发电机）、废热回收装置、控制输配电系统等部分构成。

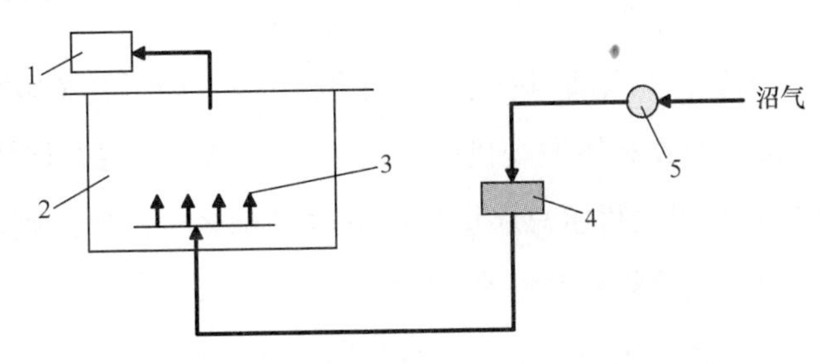

图 4-11 沼气粮库储粮系统示意图

1—测氧仪；2—粮仓；3—沼气扩散管；4—沼气开关；5—沼气流量计

(1) 沼气发电系统工艺流程

沼气发电系统工艺流程一般为，消化池产生的沼气经汽水分离器、脱硫化氰及脱二氧化碳塔净化后，进入储气柜，经稳压箱进入沼气发动机驱动沼气发电机发电。发电机所排出的废水和冷却水所携带的废热经热交换器回收，作为消化池料液加温源或其他用途再利用。发电机所产出电流经控制输配电系统送往用户。系统关键设备为沼气发动机、发电机、废热回收装置等。

1）沼气发动机。与通用柴油发动机一样，沼气发动机的工作循环包括进气、压缩、燃烧膨胀做功和排气四个冲程。由于沼气的燃烧热值、特点与柴油、汽油不同，沼气发动机的技术关键在于压缩比、喷嘴设计和点火设计。其特点如下：①较高的压缩比。沼气是由60%～65%的甲烷、30%～35%的二氧化碳及少量的一氧化碳、氢、硫化氢和碳氢化合物等组成的混合气体，其辛烷值可达到125～130，故沼气是抗爆性高的气体，可采用较高的压缩比。②密闭条件下，沼气与空气的混合比在5%～15%，点火瞬间即引燃并迅速燃烧、膨胀，从而获得沼气发动机理想的工作范围。③沼气具有低临界温度（-25.7～48.42℃）和高临界压力（528～582MPa），故沼气在低速燃烧（0.268～0.42m/s）时液化困难，须考虑将沼气发动机的点火期提前。④沼气具有较高的热值，可达20～25kJ/m^3，相当于0.45～0.55kg柴油，其发电量为1.2～1.8kW·h/m^3，是一种优质价廉的气体燃料。但沼气中含有硫化氢、二氧化碳等酸性成分，会对金属管道、设备造成腐蚀，故在进入发动机前必须进行净化处理，而金属管道和发动机各部件应采取防腐蚀、耐腐蚀处理。

2）发电机。根据具体情况可选用与外接励磁电源配用的感应发电机和自身作为励磁电源的同步发电机，与沼气发动机配套使用。

3）废热回收装置。采用水-废气热交换器、冷却排水-空气热交换器及余热锅炉等废热回收装置回收利用发动机排除的沼气废热（约占燃烧热量的65%～70%）。通过该措施，可使机组总能量利用率达到65%～68%。废热回收装置所回收的余热可用于消化池料液升温或采暖空调。

4）气源处理。沼气进入发动机前，须进行疏水、脱硫化氢（含量降到500mg/m^3以下）处理，还需经过稳压器使压强保持在1470～2940Pa。同时，为保证安全用气，在沼气发动机进气管上必须设置水封装置，防止水进入发动机。

4.3.3 沼液的综合利用

1. 沼液的主要成分

沼气发酵是由众多微生物参与的复杂生化过程，发酵原料的转化途径参见图4-12。包含在沼气发酵原料中的固形物经过发酵，一部分被转化为沼气、微生物菌体和代谢产物。其转化比例与发酵原料性质和发酵条件有关。木质素和纤维素含量高的原料（如作物秸秆）转化比例低，通常只能达到50%～70%，由于这类原料本身的固形物含量高，所以残留固形物在沼气发酵料液中的比例高，沼气发酵料液中的总固形物含量也就比较高了。另外一些发酵原料（如豆制品废水、屠宰废水）所含固形物不多，这些固形物又容易分解，因此发酵料液中总的固形物很少。

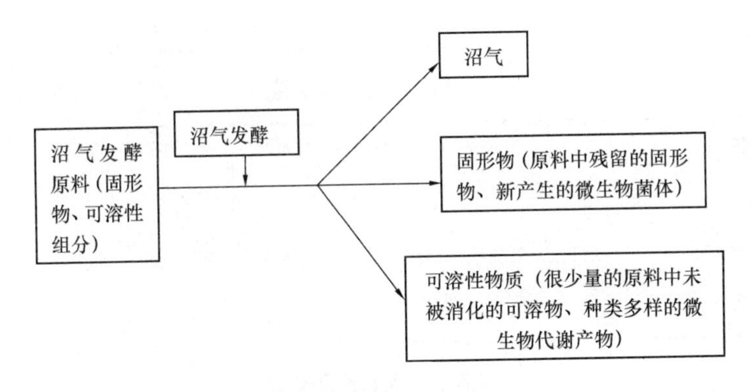

图4-12 沼气发酵原料的转化情况示意图

几乎所有沼气发酵原料中的可溶性有机物质都易被消化（有毒物质除外），因此发酵料液中的可溶物只有很少部分是原料中残留的，大部分是新产生的分子量不等的有机物及各种离子组成的可溶物。

2. 沼液的肥效及药效

沼液中已经测出含各类氨基酸、维生素、蛋白质、赤霉素、生长素、糖类、核酸等有机物，也发现有抗生素。这些物质在沼气发酵料液中的种类多、浓度低，具体含量和比例与原料和发酵条件有关。需要指出的是，这类物质中不少是属于“生理活性物质”，它们对作物生长发育有调控作用。作物从种子发芽到开花结实，其间经历一系列复杂的生理活动，而“生理活性物质”都参与这些活动并起调控作用。例如赤霉素参与种子发芽，当赤霉素浓度较高时，可使种子提早发芽。某些核酸、单糖能增强作物的抗旱能力。某些游离氨基酸，如脯氨酸能增强作物抗冻能力。沼液中的抗生素类物质则能防治某些作物病害。沼气发酵料液中的离子可起肥效作用。

农户所用的沼液由于取用时的差异，实际上也含有少量微生物菌体与固形物，只不过比沼渣含量少一些罢了。但沼气发酵所产生的可溶物大部分在沼液中。从上面分析可看出沼液能起到多种作用，这些作用主要表现在调节作物生长、肥效和抗病虫害三个方面，产生这些作用也是有其物质基础的，见表 4-5～表 4-8。

沼液肥效 **表 4-5**

样品	全氮含量/%	全磷含量/%	全钾含量/%	性质
沼液	0.03～0.08	0.02～0.07	0.05～1.4	速效

沼液中的氨基酸含量 **表 4-6**

氨基酸种类	天冬氨酸	苏氨酸	丝氨酸	甘氨酸	谷氨酸	丙氨酸	半胱氨酸
质量浓度/(mg·L^{-1})	12.30	5.42	5.61	8.07	14.01	6.56	26.79
氨基酸种类	缬氨酸	蛋氨酸	异亮氨酸	亮氨酸	苯丙氨酸	色氨酸	天冬氨酰谷氨酰胺
质量浓度/(mg·L^{-1})	12.70	4.05	7.16	1.24	12.03	7.10	356.03

沼液中的无机离子含量 **表 4-7**

离子种类	磷	镁	硫	钙	钠	铁	锌	铜
质量浓度	43.00 mg·L^{-1}	97.00 mg·L^{-1}	14.30 mg·L^{-1}	37.40 mg·L^{-1}	26.20 mg·L^{-1}	1.414 g·L^{-1}	28.03 g·L^{-1}	36.80 g·L^{-1}

离子种类	锶	镉	钼	镍	铝	钡	砷
质量浓度/(g·L^{-1})	107.00	8.90	4.20	8.50	2.830	50.20	3.060

沼液中的有机物含量 **表 4-8**

种类	维生素 B_{12}/mg·L^{-1}	维生素 B_{11}/mg·L^{-1}	蛋白质/活力单位	纤维素酶/活力单位	生长素/mg·L^{-1}	赤霉素/mg·L^{-1}
浓度	9.3	6.42	1.43	7.65	8022	3.510

4.3.4 沼渣的综合利用

沼渣是沼气发酵后残留在沼气池底部的半固体物质，含有丰富的有机质、腐殖酸、粗蛋白、氮、磷、钾和多种微量元素等，是一种缓速兼备的优质有机肥和养殖饵料。沼渣是由部分未分解的原料和新生的微生物菌体组成，它含有较多的沼液，真正的固体物含量在20%以下，这是沼渣在综合利用过程中，兼有沼液功效的原因（表4-9）。

沼渣成分 **表4-9**

样品	有机质/%	腐殖酸/%	全氮/%	全磷/%	全钾/%
沼渣	36～49.9	10.1～24.6	0.78～1.61	0.39～0.71	0.61～1.3

沼渣中各成分具有不同的作用功能，其中有机质、腐殖酸对改良土壤起着重要作用，氮磷钾等元素可满足作物生长需要，未腐熟原料施入农田后可继续发酵，释放肥分，这也是沼渣肥迟速兼效的原因之一。

有机废弃物综合利用技术展望　5

解决农村有机废弃物的出路在于对其进行综合处理与利用，由于我国对有机废弃物的分类回收体系和分类回收机制尚未完善和建立，因此，需要合理利用农村有机废弃物，使其朝着集约化、规模化、商品化、多元化、高效化、洁净化、产业化方向发展。本章主要对农村有机废弃物资源化综合利用的产业化前景及对策进行了简要概括和总结。

5.1　有机废弃物综合利用产业化前景

根据自然资源废弃化和废弃物资源化理论，废弃物的产生是不可避免的，但废弃物是资源的另一种形式，随着科学技术的进步和人类认识的提高，对其进行资源化利用是可行和必要的。发达国家对农村固体废弃物资源化的利用已经进入产业化阶段。而我国由于存在各种限制因素，目前对其利用程度还比较低。受传统意识的影响，我国大多数种植业和养殖业只注重粮、肉、蛋、奶等产品的利用，而认为在生产过程中产生的大量的副产品是利用价值不大的废物，没有进行再利用。因此，如何充分有效地利用农村固体废弃物，将其加工转化，制成再生资源及其他系列产品，对合理利用农业生产过程中产生的各种固体废弃物以及改善农村生态环境具有十分重要的意义。由此可见，农村固体废弃物的利用具有极大的潜力和广阔的发展前景。

5.1.1　秸秆致密成型技术产业化发展潜力分析

我国是一个农业大国，农作物秸秆是我国主要的农村废弃物资源之一。随着科技进步和社会各界生态环境意识的逐渐加强，秸秆致密成型技术和设备的市场覆盖率将逐渐扩大，产业化发展前景良好。

1. 重点需求市场

近期内该技术的发展主要集中在以下几个领域：林木资源丰富而又相对集中的地区；制材和木制品加工厂家；农作物秸秆资源量大质优的农区。

（1）林木资源丰富而又相对集中的地区

林区树木分布成片，每年存有大量的林业采伐废弃物，如枝桠，小径木，板片，木屑等，一般占木材采伐量的30%左右，目前转化利用量仅占10%，余下多为粗放利用或废弃。如果将其中少部分木屑用来生产木炭，既可解决本地区居民生活用能问题又可外销用于工农业和日常生活，这对改变部分林区过量采伐的状况，保持生态平衡有显著作用。生物质致密装备推广潜力较大的林区主要分布在内蒙古自治区、黑龙江省、吉林省、福建省等省区。

（2）制材和木制品加工厂家

制材和木制品加工厂每年产生大量的木屑、刨花，大部分廉价售出或粗放使用，如用其生产机制木炭或成型燃料，可获取可观的经济效益，并可解决部分职工的就业问题。因此制材、家具、地板等工厂是生物质致密成型技术装备颇具潜力的市场。

（3）农作物秸秆资源量大质优的农区

据测算，我国农作物秸秆资源丰富。目前，农村生活能源中，秸秆燃料消费居首位，远大于煤炭和薪柴所占比重。在农村用煤难以有大量增加的情况下，用秸秆生产或成型燃料是可行的。另外，工业中大量使用的化铁炉、锅炉，生活时需耗用大量劈柴点火，劈柴售价远比煤高，这也是商品化生产成型燃料的应用途径。

2. 市场需求特点

（1）成套设备规模以中小型为主

由于木屑，秸秆等均为松散物质，长途运输费用加大，所以生产木炭或成型燃料规模不宜太大，一般以每天生产1～2t木炭为宜，另外由于炭化装置可土法上马，所以用户需求量最大的仍是成型机和干燥设备。

（2）结构简单实用，易操作控制和维修

这一点和发达国家不同，在我国，大多数用户位于经济水平欠发达地区，这就要求设备运行稳定，寿命长，在自动化和外观上暂不做更高的要求，关键是要

"买得起，用得住"。

（3）售后服务必须跟上

生物质致密成型技术看似简单，实则难以掌控，尤其是成型质量所受影响因素多且缺少规律性，这就要求设备生产厂家为用户提供良好的售后服务，以免造成设备不能正常工作的被动局面。

3. 经济效益分析

由于生物质致密成型技术的经济效益取决于原料、生产工艺、设备状况等诸多因素，因此不同机构、不同人员分析得出的结论差别很大。本书列举了北京林业大学研究人员，河北富润公司，北京国能惠远生物质能发展有限公司，辽宁省能源研究所等机构的经济效益分析案例，仅供参考。

（1）辽宁省能源研究所科研人员核算的经济效益

辽宁省能源研究所对一条年产 5000t 玉米秸秆颗粒燃料生产线的经济效益进行了详细分析，见表 5-1。

玉米秸秆颗粒燃料生产线经济效益分析表 **表 5-1**

序号	项目	金额（元/t）	备注
1	成本	342.85	
1.1	原料成本	135.00	当地原材料价格
1.2	电费	73.60	
1.3	人工费	40.00	
1.4	易损件	30.00	环模和压辊
1.5	包装费用	40.00	25kg/袋
1.6	设备折旧	6.25	
1.7	销售费用	5.00	
1.8	管理费用	5.00	
1.9	其他费用	8.00	
2	销售收入	430.00	
3	利税	87.15	
4	年利税	43.6 万元	年生产能力 5000t

（2）河北富润农业科技开发有限公司

该公司生产系列秸秆颗粒燃料成型机，其年生产能力分别为 1000t，2000t，4000t，投资额在 13～50 万元，每吨秸秆颗粒燃料的加工成本在 113～130 元，考虑原来成本，出厂价按 350 元计，每吨利润不少于 120 元。以该公司生产的年产 4000t 的秸秆压块成型机组进行核算，结果如下：

电费：按每吨 50 度计算，平均电价 0.6 元/度，生产一吨燃料耗电 30 元。

原料费：按每吨原料（含运费）50 元计算，每吨燃料块耗原料 1.1t，价值 55 元。

模具损耗预提费：20 元。

人员工资：按每人每日 20 元计算，每人每吨工资为 10 元。

包装费：7.5 元。

厂房租赁费：2.25 元。

管理办公费：3 元。

劳动保险费：3 元。

合计每吨燃料块 130.75 元。据此可以分析，如果按 1t 成型燃料出厂价 240 元计算，收益为 110 元左右，一年可获益 44 万元。

（3）北京国能惠远生物质能发展有限公司

该公司研发的生物质常温致密成型技术（简称 CZSN 技术）已在北京市怀柔等区进行试点示范。据测算，秸秆致密成型颗粒燃料批量生产成本不超过 250 元/t。

上述三个核算结果中，辽宁能源所的吨产品成本最高，为 342.85 元/t，其他两个结果相差不大。辽宁能源所核算过程中“当地原材料价格”为“平均成本 135 元/t”，该项是导致总成本较高的主要原因。即使按照 342.85 元/t，和当前煤价相比，可以得出结论：生物质致密成型技术的经济效益明显。

5.1.2　农村固体废弃物发电发展潜力分析

2001 年中国科学院广州能源研究所与黑龙江农垦总局签订了兴建 20 套生物质气化发电系统的合同，该系统主要利用农村固体废弃物进行发电，总投资约 5000 多万元，总装机容量为 15MW 级，年总发电量约 7500 万 kW·h，年处理农村固体废弃物约 10 万 t。这不但减轻了农村固体废弃物对环境造成的污染，而且还大大节约了资源，同时创造了巨大的经济效益。

生物质能作为一种资源，具有以下特征：

（1）由于生物质能是利用光合作用将太阳能转化为化学能而贮存于生物质内

的能量，而且其含硫量低，含氯量小，含灰量低，充分燃烧后有害气体排放极低，因此它是一种环保型的可再生资源。

（2）生物质是碳氢化合物，与化石能源，如煤，石油是同一类物质，所以它的利用与化石燃料有很大的相似性，可以充分借鉴已经发展起来的化石燃料利用技术开发生物质能。

发达国家已展开了相关研究与开发。我国作为农业大国，生物质资源十分丰富，只要国家加大在这方面的经济投入和技术开发力度，必将会有广阔的发展空间。

5.1.3 畜禽粪便资源化利用发展潜力分析技术

随着畜禽粪便污染的加剧，国内已有部分养殖场开始利用各项技术对畜禽粪便进行减量化处理，资源化利用，但是普遍采用的是单一的治理技术，粪便利用率低，遗留问题难解决，畜禽粪便既是污染源又是宝贵的资源，必须把现有的废弃物无害化与资源化处理技术进行组装集成，使畜禽粪便得到多层次的循环利用，才能有效地解决养殖业的环境污染问题。例如，先对畜禽粪便进行固液分离，将分离出的固体进行堆肥，或用于生产蚯蚓、饲料等；分离出的液体采用厌氧发酵法处理，发酵后的产物-沼渣、沼液是优质有机肥料，可用于蔬菜、水果生产，沼气用来照明或饮用。这样通过固液分离技术、厌氧技术、好氧技术的综合处理，既提高了对畜禽粪便处理的效果和综合利用率，又取得了良好的环境效益、经济效益和社会效益。目前，把这几种方法有机地集合起来使用已成为畜禽粪便资源化技术发展的主要方向。

农业部规划设计研究院，中国农业大学等单位研究开发了利用牲畜粪便生产优质有机肥料的技术，该技术不但可解决养殖场排泄物的出路问题，而且可通过生产和出售有机肥获得一定的经济效益，最终实现畜牧业与种植业的协调发展。它具有处理量大、速度快、投资少的特点，符合农业可持续发展的观点。它所生产的产品不仅对环境是友好的，而且生产过程也无污染，是真正意义的“环境友好型肥料”，可广泛应用于畜牧场及垃圾处理厂等领域，具有广阔的应用前景。

本着“珍惜资源，有用勿弃”的原则，我们应开展更深入的探索和研究，开发出更经济、简便、二次污染更少或无二次污染的工艺技术，并且考虑有机地结合以上几种方法，形成一种多层次多途径的综合利用方式，实现“零排放”的目标，使经济效益、环境效益和社会效益最大限度地相统一，促进农业经济持续稳定协调发展。

5.2 有机废弃物综合开发利用的建议与对策

农村废弃物的综合利用开发与利用已经得到了各级政府和社会各界的广泛重视，发展形势十分有利。同时，我们应当清醒地认识到，尽管这是一项利国利民的事业，但是在目前阶段它的发展仍受到了政策、技术、市场、信息和服务等诸多因素的制约，涉及政府管理部门、金融机构、科研单位、生产企业和服务体系等各个环节，每个环节缺一不可。因此，农村废弃物开发利用技术及其配套设备的推广应用仍需要各级政府、研发机构和生产企业的通力协作与配合，为进一步促进农村废弃物综合开发利用充分发挥各自的作用。

1. 经济效益分析加强政策扶持和引导

目前，我国农村废弃物综合开发利用各项技术还处于发展的初期，产业规模小，获益能力低，尚不具备参与市场竞争的能力。因此，必须得到国家和各级政府宏观调控政策的保护。国家相关行业主管部门要从全局出发，增加对农村废弃物利用技术研究，新产品开发的财政支持和政策扶持，促进科技创新。加大产业化建设和服务体系的信贷规模，提供长期的低息贷款，提高资金使用效率。制定减免税收、价格补贴和奖励政策，以加速产品进入市场，提高产品竞争力。

2. 强化行业指导，规范行业行为

国家要尽快组织有关专家认真研究和分析我国农村废弃物综合利用所面临的障碍以及需要解决的问题，编制中长期发展规划。要鼓励相关科研单位、专家和生产企业相互协同，推进农村废弃物综合开发利用的产业化工作，制定相关的技术标准，加强技术监督和市场管理，规范市场活动，为新技术的推广运用创造良好的市场环境。同时还要鼓励企业打破部门、地区界限，实行横向联合，对技术上基本成熟的产品组织专业化生产。

3. 探索科学管理机制，开拓市场研究

鼓励企业和用户探索科学、稳定的收集和贮藏体系。建立完善的服务体系，提高社会化服务水平；确定投资主体，明确责任和利益。大力扶持走产业化的道路，从源头开始，做好产、供、销和售后一条龙服务。同时要加强市场研究，关注不同重点区域农村、城市和工业的市场需求，也要根据不同的用户需要，开发系列化、多样化产品。

4. 加强农村废弃物综合开发利用技术科技攻关

针对制约农村废弃物致密成型技术，沼气技术及堆肥技术等推广应用的障碍因素和技术难题开展专项科技攻关，对高产率，规模化成套设备进行研究、示范和推广。强化各级研究部门和生产企业间的协作和配合，加大对农村废弃物综合利用技术的研究投入，建立产、学、研一条龙开发模式，鼓励企业打破部门、地区界限，实行横向联合，对技术上基本成熟的定型产品组织产业化生产，促进秸秆等农业废弃物综合开发利用产业化的良性发展。

5. 积极开展国际交流和合作

农村废弃物的综合开发利用也是当今国际上的一大热点，要抓住这一大好时机，继续坚持自主开发与引进消化吸收相结合的技术路线，积极开展对外交流和合作。要有目的、有选择地引进诸如国外先进的秸秆等生物质致密成型工艺技术和主要设备，在高起点上开发我国农村废弃物综合利用技术，进一步拓宽合作领域，加强与国际组织和机构的联系与合作，采取切实步骤，为吸引国际机构、社会团体、企业家和个人在农村废弃物综合开发利用领域投资创造有利条件。

6 有机废弃物利用的节能住宅经济模式

近年来，我国农村城镇化发展规模逐渐扩大，农村有机废弃物与生活环境之间的矛盾日益激化，因此住宅区内有机废弃物的处理处置不可避免地成为节能住宅高要求的重要环节。发展有机废弃物利用的节能住宅经济模式，一方面有利于废弃物的减量化、资源化综合再利用，改善环境质量，另一方面，有利于提升现代化生态型节能住宅的品质，满足广大人民群众对住宅节能环保的高要求。

6.1 节能住宅及其生态特征

6.1.1 节能住宅的内涵及其特点

采用新型节能围护体系和综合节能技术措施，使采暖地区的住宅采暖能耗降低，达到国家规定的节能目标，并具有良好的居住功能和环境质量的住宅称为节能住宅。节能住宅是基于人与自然持续共生原则和资源高效利用原则而设计建造的一种能使住宅内外物质能源系统良性循环的建筑，无废、无污，能源能实现一定程度自给的新型住宅模式。生态环保型节能住宅是一种全新的住宅理念，它是遵循生态平衡及可持续发展的原则，运用生态学原理，综合考虑建筑内外空间中的各种物质因素，使物质、能源在建筑系统内有秩序地循环转换，从而获得高效、低耗、健康、无污染、生态平衡的居住环境和住宅。这种住宅最显著的特征就是亲自然性，即在住宅建筑的规划设计、施工建造、使用运行、维护管理、拆除改建等一切活动中都自始至终地做到尊重自然，爱护自然，尽可能地把对自然环境的负面影响控制在最小范围内，实现住区与环境的和谐共存。

建设节能住宅主要包括四方面的意义：一是通过房屋建材的总量减少与类别选择减少碳排放量，如木材比钢材生产的过程更能减少二氧化碳的产生；二是水的节约利用，如自来水的生产、废水的处理都会增加二氧化碳的排放，提倡节约和循环用水；三是减少交通工具的使用所产生的温室气体，如在大型小区的开发中，尽量提倡电动车、自行车出行，提供便捷的公共交通服务；四是社区的绿化建设也应以低排放为指导，不能片面追求绿化效果，还应选择吸附二氧化碳能力较强的乔木、灌木和自然生态绿化，尽量减少使用人工草坪等吸附能力基本为零的绿化方式。从这四个根本点出发，节能住宅模式就必须遵循气候条件和节能的基本要求，设计出低能耗的建筑。

为满足建设节能住宅的低碳环保新要求，须采用具有环保价值的新型建材。与传统建材相比，新型建材不仅可以降低自然资源的消耗和能耗，而且能使大量的工业废弃物得到合理的开发与利用；新型建材不仅不会对人类的生存环境造成污染，而是有益于人体的健康，有助于改善建筑功能，起到防霉、隔声、隔热、杀菌、调温、调湿、调光、阻燃、除臭、防射线、抗静电、抗震等作用；新型建材不仅可以采用不对环境造成污染的生产技术，而且在产品结束其使用寿命后，还可以作为再生资源加以利用，不会形成新的废弃物。

节能住宅有许多优点：①自重较轻，只相当于砖混结构的53%～60%的重量。②抗震性能好，相当于砖混结构的1.68～2.5倍。③保温隔热性能好，比普通的黏土砖提高3倍左右。④施工期较短，只有传统建筑施工期的1/4～1/3。⑤相对工程造价低，与砖混结构建筑相比可节约7%～10%。⑥平均使用面积较大，通常能提高10%。

6.1.2　节能住宅的生态特征

实现可持续发展的生态化人居空间，是世界人居建设的大潮流。生态环保型节能住宅要综合考虑住宅的节能、环保、适应性和人居健康、舒适等因素，全面应用可持续发展的有关技术，使节约能源、环境保护、建筑适应性以及人们获得舒适健康的使用效果等因素和谐地体现在住宅建设与使用之中，确保人们使用住宅的健康舒适。条件允许的，还可以将太阳能利用、空气和水质的改善与再利用、智能化控制和先进墙体维护材料等技术用于住宅建设使用中。

节能住宅的生态特征主要包括：①自然和谐。生态型节能建筑首先要有合理的选址和规划，尽量保护原来的生态系统，减少对周边环境的影响，并且要充分考虑有合理的自然通风、日照、交通等。②节能环保。生态建筑要实现资源的高效循环利用，降低资源消耗，并尽量使用再生资源。要采取各种节能措施，有效地减少能源的消耗，并要尽量减少废水、废气、固体废物的排放，并采用各种生态技术，实现废水、废物的无害化和资源化，使其得到再生利用。要控制室内空气中的各种化学污染物质的含量，使室内有良好的日照、自然通风和一定标准的舒适度，保证健康、舒适的室内环境质量。③功能灵活。生态节能建筑要有建筑功能上的灵活性、适应性和易于维护的建筑体系。

6.1.3　建设节能住宅的意义

节能住宅，应是高效低耗、环保节能、健康舒适、生态平衡的高质量居住建筑，是今后住宅建筑的发展方向。因此，建设节能住宅新建筑具有重要的意义。

1. 建设节能住宅有利于我国经济快速稳定发展

我国是一个能耗大国，能耗消费总量排在世界第二。而我国人口众多，能源资源相对缺乏，人均能源占有量仅为世界平均水平的40%。我国的建筑能耗已占到全社会总能耗的30%左右。在目前我国能源形势相当严峻，在今后的长时期内也将难以缓解的状况下，节约能源已是刻不容缓。如果再不节约能源，将严重制约我国的经济和社会发展。2004年的电荒，应该说给我们每个人都敲响了警钟。因此，为了使国民经济持续、稳定、协调发展，提高环境质量，必须节约使用能源，逐步扭转能源浪费严重的局面。

2. 建设节能住宅有利于环境保护

世界经济在高速发展中造成了严重的环境污染和生态破坏，整个生态环境处于非常脆弱的状态，至今生态环境的恶化仍在继续。随着国民经济的快速发展，居民空调的拥有量呈直线上升。而空调能耗产生的二氧化硫、氮氧化物和其他污染物都会污染空气、危害人的身体健康，造成环境酸化，破坏生态平衡。同时，由于人民生活水平的不断提高，又对建筑热环境的质量提出了更高的要求。通过建筑节能可以减少污染物的排放量，减轻大气污染，保护生态环境和提高建筑热环境的质量，使人、建筑、自然三者和谐统一，是住宅建设的大势所趋。

3. 建设节能住宅有利于提高居住质量，降低住户的使用成本

随着我国经济快速稳定发展和人民生活水平的提高，追求舒适的居住环境成

人们的迫切需要，节能建筑由于采用了成套的节能技术措施，譬如适当控制建筑体型系数，即建筑物外表面积与其所包围的体积的比值；采用保温性能良好的加气混凝土砌块等新型墙体材料；采用墙体保温、屋面保温、中空双层玻璃窗、保温门和节能空调等，减少了围护结构的散热，改善了建筑热环境的质量，提高了供热系统的热效率，既节约了能源，又降低了房屋的使用成本，住户得到了实惠。

6.2 有机废弃物利用的庭院经济模式

庭院是指农户房前屋后的院落以及周围的闲散土地和水域。庭院经济指的是农户利用庭院区域进行种养业、园艺、手工业等产业。庭院经济以其形式多样、适应性强等特点在我国传统农业经济发展中发挥着重要的作用。在现今一些农村地区，庭院经济仍然是一种重要的农村生产方式。

庭院经济的特点是“小而全”。对于资本及技术性要求相对较低，可以适应市场多样化的需求，并可以发挥一定的资源优势。在中、西部地区及东部欠发达地区，庭院经济还有较大的发展空间。

由于地域环境及资源条件的不同，庭院经济也有着各种各样的模式，大致有以下几种：

（1）庭院养殖模式。较为普遍的传统庭院经济方式，是传统农业中分布较广的模式，投入成本低，效益较高。

（2）庭院生态循环模式。农户以庭院物质能源的循环利用，降低生产的成本，提高资源的利用效率，这种模式通常以沼气为核心，围绕种植、畜牧、水产业等进行循环生产。

（3）庭院园艺模式。利用庭院空地进行花卉和苗木的生态苗圃种植，发展特色花卉、珍稀植蔬、园艺盆景等，在美化了环境的同时又产生了效益。

（4）加工业模式。在庭院中建立小加工厂，进行农产品或手工艺品加工。

（5）休闲产业模式。围绕城市生产工作人员休闲度假需要，在庭院及其周边发展观光娱乐、度假休闲、社会实践等服务。

（6）综合发展模式。多种模式共同发展，以立体种养为典型模式。

以浙江临安市潜川镇农户潘某为例，他采取山湾建猪场、鸡场，山地种林果，山塘放养鱼的生态种、养模式，逐步形成了以沼气为纽带，鸡、猪、蜓蚓、浮萍、来良、青饲料、果竹菜和鱼等为主要循环点的生态农业体系，农庄年创产值 315 万元，年利润 130 万元。①猪粪养蜓蚓。总共饲养母猪 12 头，仔猪 300 头，年产猪粪 1800 多担，开发猪粪养蜓蚓，面积 $260m^2$，轮流养蜓蚓，日可产鲜蜓蚓 30～40kg。蜓蚓蛋白酶高，营养丰富，蛋鸡食后产蛋率提高了 10%～20%。②鸡粪产沼气。养鸡场每年大约能产生 27000kg 鸡粪，建成 $60m^3$ 容积沼气池，鸡粪产生的沼气用于雏鸡、仔猪取暖和炊事用能。③种草养浮萍。在沼气池旁边挖了两个水塘用于养鱼，又将沼气池的管道通入水塘，使沼液自流入塘，同时利用沼液的肥力在塘里放养浮萍，年可节约精饲料 4500 多千克，节省成本 8000 多元。在山腰山湾处种上花木和经济林，先后栽种桑园 3 亩、菜竹 8 亩、四季水果 20 亩，在空隙地上和山脚地边栽种南瓜、番薯、马铃薯、黄豆等小杂粮，一年四季地不空人不息，既开拓了财源，又促进了生态环境建设，实现了资源的循环利用。

6.3 有机废弃物利用的生态效益

有机废弃物的合理处理和有效利用将直接影响自然资源和环境污染，关系到生态效益的优劣。生态效益的好坏，涉及全局和长期的环境效益和经济利益。因此，如何利用现有的大量的有机废弃物，使之“变废为宝”，充分发挥其生态效益显得尤为重要。

6.3.1 生态环境效益

目前，全球每年产生的垃圾量在激增，达到 500 亿 t，这就需要更多的土地来堆放垃圾。然而，能堆放垃圾的特殊留用地已越来越难找到；垃圾填埋时，化学物质可能泄露，污染地下水和土地；此外，如果利用焚烧处埋垃圾，有可能造成空气污染。面对过量的废物，最有效的解决方法就是减少垃圾的产生和废物的再利用。如果我们把废弃物中的有用部分重新回收利用，例如一些瓶瓶罐罐、纸盒、手提袋等，使它们摇身一变，成为既美观又实用的家居饰品，美化我们的生活。这样不仅可以节约大量资源，还能够最大限度地减少垃圾的产生量，降低垃圾处理费用，减少占用土地资源，从而使我们的生活质量有明显改善，此外，对自然环境也有积极作用。

环境是人类赖以生存的物质基础，而新型农村节能住宅示范区是体现环境友好和生态建设规划的重要组成部分，发展新型农村节能住宅建设，综合利用有机废弃物，建立良好的生态环境，必然促进经济、社会、环境的发展，产生巨大的生态效益。

通过调整优化农业结构，促进农业生产向生产集约化、专业化发展，提高农副产品废弃物二次利用率，如鼓励农民采取秸秆还田技术，回收农用薄膜，普及清洁能源等措施，提高农村生态环境效益。对农村企业而言，提高企业资源和能源利用效率以降低废物排放从而减少环境污染；减掉不必要的以及采购和销售中过度包装；建立废旧包装回收设施，积极引导、推进废弃物综合利用技术研究；通过技术培训、立项改进等行动来加快推进废物处置设施和城市生活垃圾无害化处理建设；从身边的生活垃圾分装做起，提高全民环保意识，形成全社会共同关心废物处理的良好氛围。这样做不但能在一定程度上缓解目前人类广泛面临的资源短缺问题，同时通过减少垃圾排放量，取得可观的环境效益，正可谓“一箭双雕”。

6.3.2　生态经济效益

在人类的生产、生活中，如果生态效益受到损害，整体的和长远的经济效益也难以得到保障。因此，人们在社会生产活动中要维护生态平衡，力求做到既获得较大的经济效益，又获得良好的生态效益。

生态效益和经济效益综合形成生态经济效益。在人类改造自然的过程中，要求在获取最佳经济效益的同时，也最大限度地保持生态平衡和充分发挥生态效益，即取得最大的生态经济效益。这是生态经济学研究的核心问题。长期以来，人们在社会生产活动中，由于只追求经济效益，没有遵循生态规律，不重视生态效益，致使生态系统失去平衡，各种资源遭受破坏，已经给人类社会带来灾难，经济发展也受到阻碍。从事某项生产建设项目，以单纯的经济观点来衡量，其个别的、一时的经济效益可能很高，但往往存在着对生态资源的掠夺和破坏，如森林过伐、酷渔滥捕、陡坡开荒、草场超载过牧等。这种只看目前、不顾长远的开发利用方式是错误的。客观现实要求人们树立生态经济效益的观点。

循环经济模式则是一种建立在进入系统的物质能量不断循环利用基础上的生态经济，实现经济活动生态化。其过程是一个“资源→产品→废弃物→再生资源”的反馈式循环，通过延长产业链，在系统内进行“废弃物”全面回收、再生资源化，循环利用。其特征是“低消耗、低排放，高效率、高循环”。其结果是提高资源利用率和利用效率，节约资源，最终污染物排放量和对环境影响最小化。

大力发展循环经济，创造生态经济效益，就是要提高资源利用率、利用效率，缓解经济高速增长和资源、能源供给不足之间的矛盾；最大限度地将“废弃物”转化为资源，降低“废弃物”的产生量和排放量，尽可能地减小经济发展对环境的影响和人民健康的危害，逐步改善生态环境，协调人与自然的和谐关系。可见，循环经济是一种符合可持续发展理念的经济发展模式，发展循环经济是建立资源节约型、环境友好型社会的必然选择，是经济可持续发展的有效途径。

首先，合理处理有机废弃物，实现资源的高效利用和循环利用是缓解经济发展无限和资源有限矛盾的根本出路。全面推进清洁生产，“变废为宝”，将经济社会活动对自然资源的需求和生态环境的影响降低到最低程度，可从根本上解决经济发展与资源紧缺和环境保护之间的矛盾。

其次，大力发展清洁生产，不但可以提高资源的利用率、利用效率和产出率，降低生产成本，提高经济效益，并使产品符合国际环保标准，增强国际竞争力。

第三，以可持续发展理念为基础，以人的健康安全为前提，坚持以人为本的原则，以社会效益、经济效益和生态效益全面协调发展为目标，通过资源的循环利用致力于从根本上解决自然、社会、经济和生态系统之间的矛盾。

总之，原来是工业垃圾，如今是新企业的生产原料；原来是“烧火草”，如今通过青贮变成奶牛的精饲料；原来是惹人厌的粪便，如今成了绿色农业的“香饽饽”；原来处理垃圾要出钱，如今作为原料提供给其他企业，不仅不花钱，还能创收，废物在创造经济效益的同时，实现了环境效益、社会效益和生态效益的共赢。

节能住宅多元化产业生态经济模式实例 7

在我国，不仅有一大批传统的多元产业构成的复合生态农业模式，而且还有许多顺应市场经济发展而不断创新并逐步发展起来的更加复合的产业生态模式，这些模式各具特色，并具有不同的功能。下面主要介绍一些典型的多元产业复合生态农业模式。

7.1 农林牧复合生态模式

1. 基本结构与功能

这类模式的基本结构是“林业＋种植业（或草业）＋畜牧养殖业＋沼气”（图 7-1）。具体操作方法是，通常将林业与种植业（包括饲草、粮食作物或经济作物）间作、混作或邻作，构成农林复合种植模式，增加地面覆盖，从而改善区域生态环境。在平原地区，通常采取农田林网的形式将林业与种植业结合起来。同时，在林业或种植业的周边地区或者农户的庭院中建立畜禽养殖场，也可直接采用放养的方式，利用林业和种植业生产的牧草、作物秸秆或饲料粮（玉米）来养殖家禽（鸡、鹅）、家畜（牛、羊、猪）；最后将畜禽粪便和作物秸秆通过沼气发酵进行废弃物的无害化处理与资源化利用，这

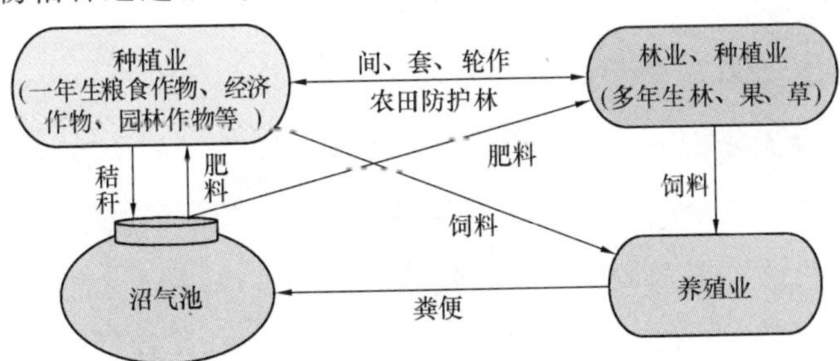

图 7-1 农林牧复合生态模式的基本结构示意图

样就形成了一个产业链的物质循环与能量多级利用的相对闭合的生态农业体系。

这类模式的主要功能包括以下几个方面：①林业为种植业提供良好的生态环境，同时，维持生物多样性，涵养水源，防止水土流失和风灾等自然灾害，发挥着重要的生态服务功能。②种植业一方面与林业共生，形成良好生态环境，另一方面可为畜牧养殖业提供饲料（饲草）资源，同时也为人类社会提供食物。③畜牧业为社会提供次级产品。④利用农作物秸秆和动物粪便生产沼气，一方面，充分利用废弃物，减少环境污染，另一方面，沼液和沼渣也作为肥料归还给种植业和林业，同时沼气可为社会提供能源补给。

2. 案例介绍——“胶-茶-鸡”农林牧复合模式

“胶-茶-鸡”农林牧复合模式源于海南省文昌市。该模式是在改变传统粗放的小规模庭院养鸡方式的基础上，利用当地橡胶林地较多的土地资源条件，在半郁闭的橡胶林内间种茶树，并实行集约经营，大规模饲养文昌鸡而形成的复合生态农业模式。该模式主要特点是“三改两保”，一改母鸡孵化为孵化机孵化；二改母鸡带养小鸡为温棚集中育雏；三改庭院饲养为胶林饲养；一保中鸡野外牧养；二保肉鸡后期笼养育肥。具体来讲，就是实行早期30d人工保温育雏，接种疫苗，全价饲料喂养，以保证雏鸡成活率，长好骨架。中期（30～130d龄）采取胶林放养，该期间除喂混合饲料外，鸡群还在胶林中啄食青草、昆虫等食物，以达到提高肉质的作用；后期（130～160d龄）采取笼养育肥。这种传统＋科学的饲养模式，既克服了传统的周期长、耗料多的缺点，又避免了笼养鸡肉质差的不足；既保持原有品种的特征，又保留了地方传统放牧饲养方式，并配以园林饲养新技术，使文昌鸡保持味道不变，同时达到高产、优质和高效的目的。

“胶-茶-鸡”农林牧复合模式不仅具有良好的生态效益，而且有较好的经济效益。从资金流分析来看，对于橡胶子系统，单作、间作胶园子系统中的化肥、农药、人力的资金投入明显高于养鸡胶园，割胶前的基础投资单作胶锢最高，间作胶园次之，养鸡胶园最低。单作、间作及养鸡胶园的投资回收期单靠橡胶收入均为10年，但其产投比分别为1.89、1.90和2.54，呈递增趋势（表7-1）。

单位：10^3元/hm^2 **橡胶子系统资金投入产出** **表 7-1**

系统	种苗投入	人力投入	农药投入	肥料投入	基础投入计	产胶1年	产胶2年	产胶3年	3年收入计	产投比	回收期（年）
单作胶园	5.49	2.40	1.23	2.10	11.22	6.12	7.29	7.83	21.24	1.89	10
间作胶园	4.65	1.95	0.90	1.35	8.85	4.68	5.67	6.48	16.83	1.90	10
养鸡胶园	5.65	1.65	0.75	0.45	7.50	5.22	6.39	6.39	19.08	2.54	10

对于茶叶子系统，单作茶园、间作茶园的资金投入均比养鸡茶园高，为10.8×10^3元/hm^2（表 7-2）。3个系统的投资回收期只靠茶收入均为5年，其产投比分别为2.42、2.25、2.85，养鸡茶园最高，这主要是因为有鸡排泄物在系统内的循环而减少了外部投入的结果（表 7-2）。

单位：10^3元/hm^2 **茶叶子系统资金投入产出** **表 7-2**

系统	种苗投入	人力投入	农药投入	肥料投入	基础投入计	产茶1年	产茶2年	产茶3年	3年收入计	产投比	回收期（年）
单作茶园	6.30	2.10	1.35	1.80	10.80	7.04	8.93	10.18	26.15	2.42	5
间作茶园	5.40	1.65	0.60	1.35	9.00	5.46	6.93	7.88	20.27	2.25	5
养鸡茶园	5.40	1.50	0.45	0.60	7.95	6.19	7.67	8.82	22.68	2.85	5

对于养鸡子系统，育肥鸡与非育肥鸡、笼养鸡的成本费、疫苗费相同（表7-3）。死亡损失率笼养鸡较高，而饲料费育肥鸡>笼养鸡>非育肥鸡。从总成本看，育肥鸡>非育肥鸡>笼养鸡。产投比分别为非育肥鸡>育肥鸡>笼养鸡（表7-3），因此，总体分析来看，采用放养育肥的方式饲养文昌鸡纯收益最高。

鸡子系统资金投入产出 **表 7-3**

项目	育肥鸡	非育肥鸡	笼养鸡	项目	育肥鸡	非育肥鸡	笼养鸡
鸡雏成本(元/只)	3	3	3	总成本/(元/只)	29	19	21
疫苗费(元/只)	0.04	0.04	0.04	鸡价/(元/kg)	27	20	17
死亡率(只/100只)	5	5	7	鸡重/(kg/只)	1.7	1.6	1.5
死亡损失/元	15	15	21	总收入/元	46	32	26
饲料费(元/只)	25	15	17	纯收入/元	17	13	5
电力费/元	16	16	40	产投比	0.586	0.684	0.214
税费(元/只)	0.3	0.3	0.3				

从系统总效益来看，单作茶园的总产出最低，养鸡胶园的最高。单作、间作

及养鸡胶园的产投比分别为1.89、2.08、1.62，养鸡胶园最低，这是因为其投资较大所致。3个系统的投资回收期分别为10年、5年、1年，可见，养鸡胶园的投资回收期短，资金周转快，增值明显。在该系统中，胶、茶、鸡对总产出的贡献率分别为0.03、0.03、0.94，因此，鸡在该系统资金流动中最重要。

7.2　林农渔复合生态农业模式

1. 基本结构与功能

这类模式的基本结构是“林业＋种植业＋渔业”。它常见于丘陵坡地地区，通常以集水区为单元，在山顶种植一些水土保持林，在山腰种植一些经济林果，或间种一些粮食作物、经济作物，在山脚的鱼塘养鱼，从而形成由“林地、果林地、旱地和鱼塘”四个子系统组成的山坡地垂直的立体生态农业模式（图7-2）。

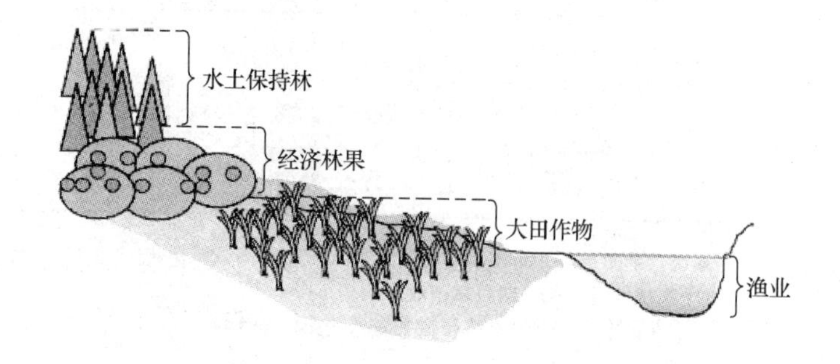

图7-2　林-农-渔生态农业模式的基本结构示意图

这种模式的主要功能特点包括以下几个方面：①山顶的林地系统具有涵养水源、保持水土和维护生物多样性的功能，可为坡下部的农业、渔业生产系统提供良好的生态环境，并可为下部的鱼塘提供持续稳定的地下水补给。②经济林果业系统不仅同样具有保持水土的功能，而且还可以产生良好的经济效益。③旱地系统可以生产粮食作物、饲料作物以及其他各种经济作物，因而可以获得多样化的经济效益，同时还可为渔业生产提供饲草或饲料资源。④渔业系统可以生产各种鱼产品和其他水产品，进而获得良好的经济效益；同时，定期挖掘塘泥，可作为优良的有机肥归还到坡上部的果林系统和种植业系统，供作物生长的养分需求。正是通过上述几个产业链的系统的优化配置，使林果业系统、农业种植业系统和水产养殖系统有机地联系起来，从而实现了系统内部的能量流动与物质循环。

2. 案例介绍——“林-果-草-鱼”复合生态农业模式

中国科学院华南植物研究所鹤山综合试验站于1986年建立了“林-果-草-鱼”模式，该系统以集水区为单元，在坡顶建立豆科植物混交林，山腰建立龙眼园，山脚筑塘养鱼，塘边种植象草和饲养家禽和家畜，这一系统由森林、果园、禽场和鱼塘4大部分构成，而林、果、禽、鱼本身也分别自成系统。因而这类系统是由子系统构成、层次分明的水陆相互作用的人工生态系统。该系统的基本成分有植物、动物、微生物和无机环境等，各成分间又是彼此联系，存在着物质流、能量流和价值流的联系。山顶的阔叶林、田塘边的草场主要起水土保持作用，家禽的粪便进入塘中可以养育众多的水生浮游生物，这些浮游生物和草又可供鱼食用，阔叶林的落叶及塘泥均可作为果园的肥料。这类复合生态系统模式依据生态位原理把经济价值高的物种引入山坡的不同空间，根据食物链的原理把种植业与养殖业有机地联系起来，实现了系统内高效的能量流动和物质循环。主要表现在：

（1）马占相思落叶的利用。马占相思作为固氮树种，无论其成长还是枯枝落叶的含氮量均远高于其他非豆科树种。利用落叶的氮素养分作为果区的一个营养源。实践表明，不宜直接施用落叶，而需要先将落叶进行堆沤，在得到一定的腐解，C/N比降低后，再作为氮肥施用。

（2）饲草喂鱼。在集水区的果区与鱼塘的过渡带设置草区，种植象草作为鱼饲料源，象草对环境适应性强，又适合作鱼饲料。此外，象草还具有特殊的利用土壤中磷的能力，有利于使磷进入系统养分流。在集水区的果区与鱼塘的过渡带设置草区，具有多方面的好处，首先是对来自林果亚系统的地表径流起到过滤作用，特别是对暴雨形成的水土流失产生阻隔，减少了直接进入鱼塘的淤泥。其次是直接在塘边种草作为鱼的饲料，减少了养鱼过程中的成本投入。

（3）塘泥利用。鱼塘在经营过程中，不断投放饲料，加上整个系统内养分的向下聚集，使塘泥含有大于其他自然土壤的养分，因而，塘泥是好的肥料。利用塘泥作为作物的肥料是我国南方农民的通常做法。在“林-果-草-鱼”系统中，塘泥被用作果树和草地土壤培肥，使养分从鱼塘向果区和草区转移并得到再次利用。

（4）系统产品输出。集水区系统的养分主要是通过林果产品与鱼产品输出而脱离系统，而这一部分养分相对系统总循环养分只是极小的一部分。“林-果-草-鱼”系统正是通过系统内养分的不断多次循环，在循环过程中把部分养分转化为产品。

鹤山市自1989年推行“林-果-草-鱼”生态农业模式以来，产生了很好的经济效益，其农业总收入、纯农业总产值和“林-果-草-鱼”复合生态系统的产值、农民的年人均纯收入都逐年增加。

7.3　农牧渔复合生态农业模式

1. 基本结构与功能

这类模式的基本结构是“畜禽养殖业＋沼气＋种植业＋水产养殖业”。其基本做法是，通常在有鱼塘分布的丘陵缓坡地或直接在鱼塘的塘基上建立养殖场，发展养猪或养鸡业，同时建立沼气池，将养殖业废弃物通过沼气发酵进行处理和资源化利用，即将沼渣沼液直接作为肥料施用于周边的农田，部分沼液则流入鱼塘，有利于增加浮游生物，增加鱼类的饲料。另外，沼气可作为养殖场照明和加热的能源（图7-3）。

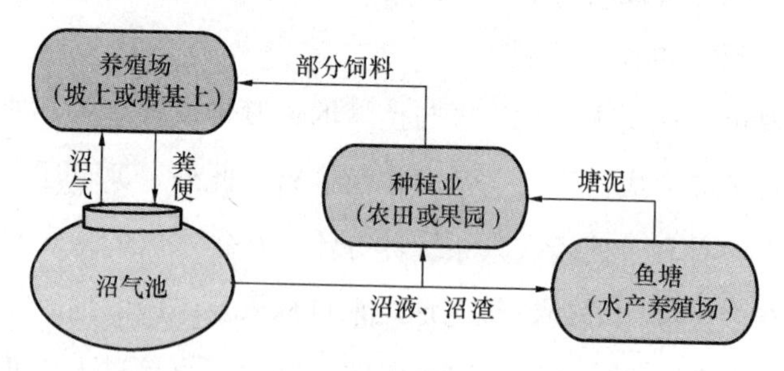

图7-3　农牧渔复合生态农业模式的基本结构示意图

这类模式的基本功能表现在以下几个方面：①以畜牧业为核心和起点，通过畜牧业废弃物的沼气生产环节和“三沼”物质（沼气、沼渣、沼液）将种植业和水产养殖业链接起来，从而构成了物质循环利用的生态体系。②种植业一方面可生产健康安全的农产品，另一方面还可种植一些牧草等为畜牧业和水产养殖业提供青饲料。③鱼塘可进行优质鱼产品的生产，同时，对鱼塘定期清淤可为种植业提供有机肥源。

2. 案例介绍——基塘农牧渔复合生态农业模式

基塘系统中的“基”主要是指塘埂，还包括鱼塘或水渠中夹杂存在的旱地和田埂等，“塘”是指农区的鱼塘、可养殖的水渠、沟河等供水产养殖的水面。基塘系统，主要是将塘泥提升到塘埂上，种植农作物、林果、花卉、牧草等，这些作物又为鱼塘提供鱼类所需的部分饵料和良好的生长环境。

（1）基塘系统的结构特征

基塘系统在我国的发展历史悠久，尤其是太湖流域的基塘系统。同时，早在9世纪时，珠江三角洲低洼渍水地面积分布很广，当地人们因势利导，把一些低洼地索性挖深成塘（池）养鱼，把挖出来的泥土在塘的四周筑堤（基）保护鱼塘。随着生产技术的提高和系统的优化，到明末清初，出现了基面种桑与鱼塘结合的桑基鱼塘。以后又相继出现蔗基鱼塘、果基鱼塘、花基鱼塘、菜基鱼塘等，这些基塘类别统称基塘系统。

基塘系统是由水陆资源组成起来相互作用的水陆立体种养体系。这个系统结构完善、各部门之间相互协调、相互补充、相互依存、生物与环境相适应，资源、更新能力强。塘鱼需要基面提供饲料，基地需要塘泥维持肥力。当塘鱼饲料吃完了，获得基面饲料补充，基面肥力被作物吸收后，获得塘泥补充。桑基鱼塘系统的运行是从种桑开始，经过养蚕进而养鱼，桑、蚕、鱼三者联系紧密，桑是生产者，利用太阳能、CO_2、水分等生长桑叶，蚕吃桑叶而成为初级消费者，鱼吃蚕沙。塘里微生物分解鱼粪和各种有机物质为N、P、K多种元素，混合在塘泥里，又还原到桑基之中。

基塘系统由水陆相互作用而成，其特点突出。首先，具有经常维持养分平衡的作用：每年从鱼塘向基面转移塘泥时，转移大量有机质和养分到基面之上，使基面经常保持一定肥力。每逢降雨，基面有机质和养分又随径流回到鱼塘去，鱼塘也获得养分补充。同时鱼塘经过光合作用又可产生大量浮游生物，成为鱼的饲料。其次，基塘系统具有自动调节水分的能力。每年都有大量塘泥转移到塘基上，塘泥中包含大量的水分，可使基面保持一定的湿度。而且，该系统可以不断促进土壤更新。埂上的土壤随径流进入鱼塘，沉积在塘底，成为塘泥的一部分，如果不及时清理，塘泥淤积的结果，不仅使养殖量减少，且消耗水中的溶解氧，影响鱼的生长。因此每年要转移塘泥到基面上，不仅可以增加基面的养分、水分，同时对塘泥和基面的土壤也能起到更新作用。而且，该系统还能起调节旱涝的作用。基塘结构的形式是呈凹形的基水相连，基面隆起，不会受浸，而作物遇旱情，可以通过土壤毛细管作用，使根系获得鱼塘水分的调节；雨季如遇洪水，鱼塘也有一定的蓄洪作用。

（2）基塘系统模式的不同类型

1）桑基鱼塘模式

桑基鱼塘是基塘系统最传统的类型，曾是长江三角洲与珠江三角洲一种独具地方特色的农业生产形式（图 7-4）。三角洲地区全年气候温和，雨量充沛，日照时间长，土壤肥沃，是盛产蚕桑、塘鱼、甘蔗的重要基地。同时三角洲内河网密布，交通便利，自然条件优越。但同时又由于地势低洼，常闹洪涝灾害，严重威胁着人民的生活和生产活动。当地人民根据地区特点，因地制宜地在一些低洼的地方，把低洼的土地挖深为塘，饲养淡水鱼；将泥土堆砌在鱼塘四周成塘基，可减轻水患，这种塘基的修筑可谓一举两得。后来，随着农业生产的发展和市场经济的影响，珠江三角洲出现了新的生产结构方式——“桑基鱼塘”。该系统以桑为基础，桑叶养蚕，蚕沙喂鱼，塘泥肥基，形成一个良性的循环，即桑多、蚕多、蚕沙多、鱼多、塘泥肥，泥肥则返回基面，又促进桑多。例如一公顷地产桑叶 22500kg，100kg 桑叶喂蚕后可得到蚕沙 50kg，则 22500kg 桑叶可得蚕沙 11250kg，每 8kg 蚕沙可养活 1kg 鲩鱼，则 11250kg 蚕沙可得到塘鱼 1406kg，这充分说明桑基鱼塘各部分之间是紧密联系、相互促进的，种好桑就可以带动其他

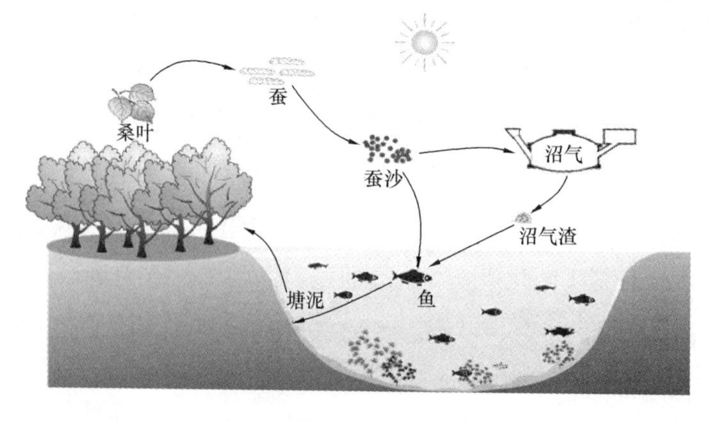

图 7-4　基塘系统模式示意图

部分发展。鱼塘里也有类似情况。蚕沙放到塘里，主要供鱼吃，鱼排放出来的粪便能促进浮游生物的繁殖，而浮游生物又是鳙、鲢鱼的主要食料，其中鲩鱼吃的是浮游动物，鲢鱼吃的是浮游植物，剩余的蚕沙和浮游生物沉到塘底，又成为鲮、鲤和底层动物的食物，只要养好鲩鱼，就可以带动全塘鱼类的发展。

2）果基鱼塘

果基鱼塘是把低洼的土地挖深为塘养鱼，堆土筑基，填高基面，地下水位相对降低，适应果树需求。塘基种的果品种类很多，有香蕉、大蕉、木瓜、芒果、荔枝等，其中在南方以香蕉、大蕉构成的蕉基鱼塘最普通，经济效益较显著，生态效益也好。塘泥使香蕉、大蕉生长茁壮，结果多。以罗定县细坑乡为例，在旱地种的香蕉一般每株产蕉15～16kg，而鱼塘基面种的可达25～30kg。嫩的蕉叶可喂鱼，蕉茎可医治鱼的肠胃病。蕉树下结合养鸡（鸭、鹅），经济效益较高。鸡或鸭在蕉树下因有荫蔽作用，又有宽阔的运动场地，还能获得小虫、杂草吃，因而鸡或鸭生长特别快，鸡一般60d便可长到1～1.25kg。蕉树方面既获得鸡（鸭）粪便补充肥力，又得到鸡（鸭）在蕉树下找寻小虫时起到的松土作用，因而蕉树生长特别旺盛。据调查，蕉树可增产30%以上。鱼塘方面，可以从浮于水面的鸭群中获得大量养分。每逢暴雨，蕉树下以及蕉行间的鸡（鸭）粪和部分表土、有机物、营养物质等随地表径流流入鱼塘，既可肥塘，又可促进塘鱼生长，一般塘鱼可增产10%以上。塘泥肥、有机质增多，上基后又促进蕉树的生长。结果是蕉、鸡（鸭）、鱼三者形成循环，三者都可获得高产。

3）花基鱼塘

花基鱼塘花的品种多，比桑基鱼塘、蕉基鱼塘更为复杂。以华南为例，主要花卉有茉莉、白兰、菊花、兰花以及各种柑橘等。有盆栽和基面种植两种，都和鱼塘有密切关系，需要塘泥培育，塘水浇淋。塘泥物理性能好，黏土占70%～80%，沙土占20%～30%，团粒结构优良，淋水时不会溶化，又不易板结，有良好的保土、保肥、透气性能；化学性能也较好，pH值为7左右；N、P、K含量丰富，有机质含量达10%以上。因此，塘泥能促进花卉的根系发育，每立方米干泥重约1350～1500kg，可提供200盆花的花泥。花基对鱼塘的作用主要是花盆的残肥和花盆内的杂草。暴雨或用塘水淋花后，花基和一些残肥随流水回到鱼塘，增加了塘水的肥力；花基使塘面开朗，阳光充足，利于增加溶氧；花基和花盆之间生长的杂草又是塘鱼重要的青饲料。然而，花基鱼塘的系统结构没有桑基鱼塘、蔗基鱼塘和蕉基鱼塘那么完整，这是因为，花基鱼塘一部分塘泥作为产品输出，随花盆输向市场，不能再回到鱼塘，使花基鱼塘系统内的塘泥逐年减少，系统物质平衡遭到破坏，需向其他基塘类型的鱼塘取泥，或者一段时间后，采用其他基塘形式。

3. 基塘系统的效益分析

（1）经济效益

基塘系统是一种高产稳产系统。据广东地理研究所调查，基面种的作物比一般旱地种的产量高25%～50%，塘鱼产量比一般鱼塘每公顷多1500kg左右。历史上除特大洪涝灾害外，基塘地区很少减产。在系统运行过程中，能充分利用农牧废弃物等，使之回到鱼塘，再次循环利用，先后变为塘鱼的饲料和作物的肥料等，从而大大节省了资金。据分析，4.5～10.5kg鸡粪或7.5～13kg鸭粪皆可产鱼1kg。另外，可以变劣质土地为良田，提高了土地利用价值，土地价值可以提高近10倍。如果开展多层次的水陆立体种养体系，经济效益更成倍增长。

（2）生态效益

基塘系统是一种有机农业，主要依靠太阳能和系统内部有机物的循环利用来解决能源问题，可以充分利用能源。另外，将大片低洼地改为作物茂盛、水体较稳定的基塘系统与优质良田后，能改善小气候，缓解全球变暖趋势。其次，系统运行过程中基本不用化肥，又循环利用了农牧废弃物，防止了污染，改善了环境。而且，水产养殖业中的大量废水及塘泥被用于培肥土壤、浇灌塘基作物，可以显著降低水产养殖对周边环境的影响，尤其是有利于水体质量的提高。

（3）社会效益

基塘系统可把劣地变为良田，能为农民增加收入，改善生活，能为社会创造大笔财富，向市场提供量大种类多的农、渔、牧产品，提高其商品率，活跃市场，满足城乡人民生活的物质需要。基面和鱼塘把多种生物聚在同一单位土地上，组成复杂的网络系统，增加了系统的稳定性。同时能生产多种产品，满足社会多方面的需要。在产量风险和市场风险方面起补充作用，可以保持较稳定的经济效果。

7.4 林牧渔复合生态农业模式

1. 山坡地的林牧渔复合生态模式

这类模式的基本结构是“林果业＋畜牧业＋渔业”。通常是在丘陵山区，在山坡地发展林果业或林草业，在林地中或果园里建立畜禽养殖场和沼气池，在山塘中发展水产养殖业，进而形成了“林、果、草生产单元-畜禽养殖单元-水产养殖单元”相互联系的立体生态农业体系（图 7-5）。

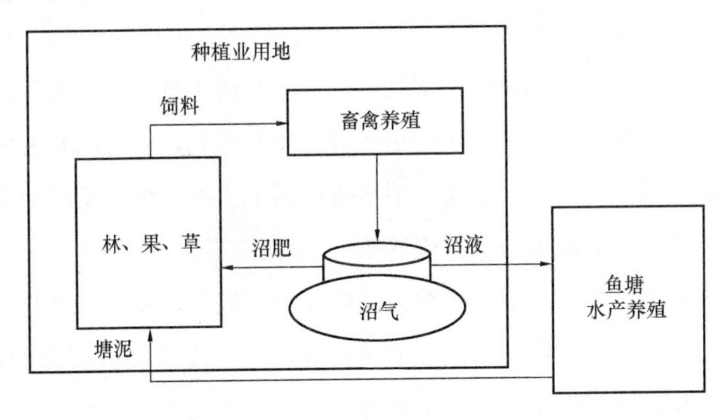

图 7-5 林牧渔复合生态农业模式的基本结构示意图

这类模式内部的相互功能过程主要表现在以下几个方面：①在山坡发展林果草业，不仅可保持水土，改善生态环境，而且通过“果-草”生产可获得一定的经济效益，而且“林-果-草”群落还可为畜牧养殖业提供一定的饲料来源，并为畜禽生长提供良好的生态环境，改善动物福利，有利于畜禽的生态养殖。②畜牧业生产除了获得经济效益外，还可以通过沼气生产为水产养殖业提供饲料（如沼液）以及为果草种植业提供肥源（如沼渣、沼液）。③水产养殖业除获得鱼类经济产品外，还可为“林-果-草”生产系统提供塘泥等有机肥。

2. 湿地“林-稻-鸭-鱼”复合生态农业模式

通常在低洼湿地区域挖泥建塘，塘内养鱼；在建塘时堆起的堤埂上种植落叶松或杨树，形成稀疏林带；林下种植牧草；鱼塘的周围或水面上可养鸡、鹅等动物，鱼塘排水一侧栽植水稻。这样，鱼塘养鱼，鱼粪肥塘，塘泥育林，塘水灌稻田，牧草喂鹅、喂鱼，鹅粪喂鱼。同时，塘边的林带除可提供木材外，还可为鸡、鹅提供栖息环境，形成了一个良好的食物链系统。该系统可部分实现自给，减少了能量、物质的投入。如依靠塘水灌溉稻田，减少了化肥的使用量，既节省了资金，又防止了环境污染。

7.5　以沼气为纽带的复合产业生态模式

1. 基本结构与功能

这类模式主要是以农业废弃物（特别是畜禽粪便）的资源化利用为导向，通过大型专业化沼气生产，围绕“三沼”（沼气、沼液、沼渣）的综合利用延伸出来的产业生态链体系。具体说来，沼气可以进一步用于发电，或通过燃烧来取暖供热；沼渣可进一步进行加工而生产出各种专用有机肥，还可以开发成动植物生长（如花草、蚯蚓等）的营养基质；沼液也可用于生产各种专用的液态有机药肥以供种植业所用，或制成液态饲料供养殖业所用。

以沼气为纽带的复合产业生态模式关联度大，辐射性强，可以与种植业、养殖业、加工业以及城乡居民生活连接起来，从而衍生出来一批新兴的环保产业。沼气综合利用技术属于环境友好型的技术，不仅利用废物节约资源，变废为宝，而且减少环境污染，值得大力推广应用。

2. 案例介绍——“四位一体”复合生态农业模式

“四位一体”复合生态农业模式是将沼气池、猪舍、厕所、蔬菜栽培组装在温室中，它们之间相互作用，相互联系，成为一个整体。首先人畜粪便可以进入沼气池，温室可为沼气池、猪舍、蔬菜栽培创造良好的温度条件，猪也能为温室提高温度。猪的呼吸和沼气燃烧可提高温室内CO_2的浓度，能增强蔬菜的光合作用，一般可使果菜类增产20%，野菜类增产30%。蔬菜生产又可增加猪舍的氧气。沼气发酵剩余的沼渣、沼液可为蔬菜生长提供高效无害的有机肥。在同一块土地上（即温室中），实现了产气与积肥同步，种植与养殖并举，建立了一个结构复合、能量和物质多级利用的以沼气为纽带的人工生态系统，也基本实现了农业生产过程清洁化、农产品无害化。

该模式很好地解决了北方冬季温度低、不利于沼气发酵和蔬菜生产的问题。它具有以下几个方面的好处：①提高温室内温度，节约常规能源。一个$8m^3$沼气池年产气 400～500m^3，可获得 275×10^4 kCal 的热量（沼气热值 5000～5500kCal/m^3），早上在温室内温度最低时点燃沼气灯、沼气炉为温室提供 11000kCal 的热量，使温室内温度上升 2～3℃，防止冻害，并为生活带来方便，每年可节约 1t 多煤，节约资金 350 元左右。②提供肥料，一个 8m^3 沼气池一年可提供 6t 沼渣、4t 沼液，每吨沼渣相当于 80kg 碳铵，每吨沼液相当于 20kg 碳铵，每年可节约 560kg 肥料。沼肥是优质的有机肥料，既减少了污染，培肥了地力，又使蔬菜早上市，可提高经济效益 20%以上。③提高二氧化碳气肥，沼气是混合气体，主要成分是甲烷，占 55%～70%，其次是二氧化碳，占 25%～40%。温室内有时二氧化碳含量不足 0.10%，严重影响蔬菜生长，1m^3 沼气燃烧后可产生 0.97m^3 二氧化碳，通过点燃沼气灯可使温室内的二氧化碳浓度达到 0.1%～0.13%，满足蔬菜生长的需要，与使用其他方法制取二氧化碳气肥相比，可节约资金 200 多元。

7.6　以腐生食物链为纽带的多元产业生态模式

这类模式主要是根据腐生食物链原理，充分利用农业及加工业过程中的废弃物来培养食用菌，或者养殖蚯蚓、蛆等动物，进而将种植业、养殖业、加工业连接起来，从而形成一个多元复合的产业生态体系。

7.6.1　以食用菌生产为纽带的多元产业生态模式

1. 基本结构与功能

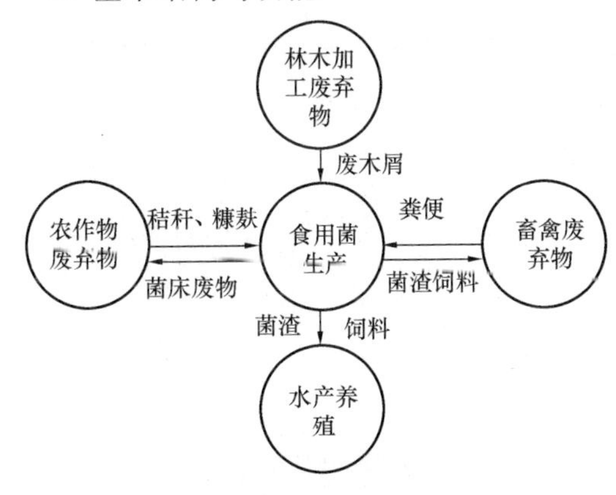

图 7-6　以食用菌生产为纽带的多元产业生态模式的结构示意图

这类模式主要是利用农作物的秸秆、谷物糠麸、棉籽壳、甘蔗渣、木材加工的木屑或畜禽养殖业的粪便等作为培养食用菌（如蘑菇、香菇、草菇、黑木耳等）的原料，生产食用菌。同时，食用菌生产后留下的菌渣和培养床的废弃物再用作大田作物的有机肥料，或经加工作为养殖业的饲料（图 7-6）。

2. 案例介绍——利用作物秸秆栽培食用菌模式

目前，采用秸秆栽培食用菌主要有两种方法：一种方法是将秸秆粉碎或切短装袋法，这种方法费工，影响产量。另一种方法是采用室外大田覆土栽培，该方法虽然简单，但占地面积大，不易管理，受日晒、风雨等自然环境条件的影响。有一种利用长秸秆立体高产栽培食用菌的技术，其工艺流程是：长秸秆的预处理→建堆软化→制模→撒种→打包→扎孔→培菌→覆土栽培→出菇管理→采收。利用长秸秆立体栽培食用菌，省去了秸秆粉碎装袋的工序，克服了秸秆装袋不紧、堆放不便、占地面积大的缺点，省时省工。并利用了长秸秆保水性能强的特点，有利于食用菌的生产。生产用半熟料栽培，可在栽培中加入米糠、玉米粉、麸皮等辅料，增加培养料的营养，这样生产出来的食用菌品质、口感更好，蛋白质、微量元素含量更高。砌成菌墙栽培，由于草料本身及食用菌生长发热，有利于在气温较低时进行草菇生产，并且草菇的出菇率可增加一倍，平菇的转化出菇也可增产 30％～50％。

7.6.2　以蚯蚓和蝇蛆为纽带的多元产业生态模式

1. 基本结构与功能

这类模式的基本结构是“养殖业粪便＋蚯蚓（蝇蛆）养殖＋种植业”。即一般利用畜禽养殖业废弃物（辅以一定的作物秸秆）作为基质养殖蚯蚓，或直接用动物粪便养殖蝇蛆。蚯蚓和蝇蛆均为高蛋白饲料，可以用于养鸡和养鱼的营养饵料。同时，养殖蚯蚓和蝇蛆后的剩余残渣是优良的有机肥，可用于大田农作物生产（图 7-7）。

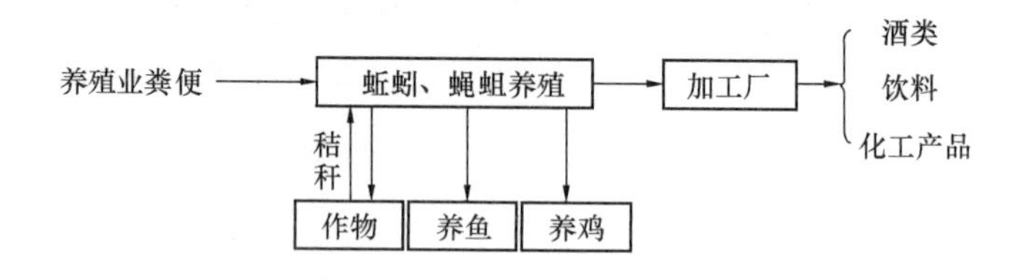

图 7-7　以蚯蚓等为纽带的多元产业生态模式的结构示意图

蚯蚓具有繁殖率高、蛋白质含量丰富的特点，所以养殖蚯蚓是解决动物蛋白饲料短缺的有效途径。蚯蚓类又是有机肥之王，这些粪便小颗粒疏松多孔，透气性好，无味，氮、磷、钾含量高，且含腐殖酸 10.5%，有机质高达 20%以上，还含有 17 种氨基酸和多种微量元素，用蚯蚓粪种花花香、种瓜瓜甜；另外，蚯蚓粪掺和泥炭还可作为园艺、温室栽花及种蔬菜之用。

蚯蚓养殖可与实现农牧业的生态良性循环结合起来，目前常见的有以下几种作法：①“种草-养牛-养蚓-养禽”模式；②“养猪-养蚓-养黄鳝”模式；③“作物秸秆加猪粪-养殖蚯蚓-加工肥料”模式；④“养菇-养蚓-养鱼”模式。利用蘑菇下脚料养蚯蚓，蚯蚓喂鱼，蚓粪加工成有机肥料，生产绿色食品。

2. 案例介绍——大棚养殖蚯蚓模式

牛猪粪是养殖蚯蚓的良好基质。采取大棚方式利用牛猪粪养殖蚯蚓通常包括以下几个技术步骤。

（1）蚯蚓场建造。蚯蚓养殖场址宜选择在畜禽粪便丰富、排水方便、有水源的地方，小规模饲养可充分利用一些空闲的场地。养殖面积大时要安装水管或自动喷水器，另外需建造 1～2 处储粪池、蓄水池（或深井）以及堆粪场地。养殖蚯蚓的大棚类似蔬菜大棚，棚宽一般为 5m，棚长 30～60m，中间走道 0.7m 左右，如用翻斗车送料，则宽度为 1m。走道填高 0.3m 左右，两边两条蚓床宽 2m，在两条蚓床的外侧开沟以利排水。

（2）粪料发酵。牛粪经 5～10d 堆放发酵，其间进行 1～2 次的翻堆混匀就可使用，含水量要求 30%～40%。猪粪需用 5%～10%（湿重）碎稻草（或其他草料）均匀混合后堆高 1m 左右进行发酵（含水量同牛粪），注意防止堆料太实，7～10d 后进行翻堆，继续发酵，一般进行 2～3d 翻堆后，可使猪粪发酵腐熟，呈松软状，此时就可用作饲养蚯蚓的粪料。

（3）蚯蚓放养。蚓床做好后，把发酵好的猪牛粪放入蚓床内，料堆放高度 20cm 左右，靠中间走道一侧留出 20cm 空间留作放养蚓种。放养蚓种前先浇湿蚓床，然后把带有粪料的蚓种侧放在蚓床内的猪牛粪边，忌在蚓床上堆满猪牛粪后放蚓种，以免造成蚓种损失。

（4）饲养管理。蚓床管理是蚯蚓养殖中的关键环节，诸如添料、通风、疏松粪料、夏季降温、冬季保温、防敌除害、采收蚯蚓等各个环节都不能松懈。

1）适时添料。蚓床中还有 20%～30%饲料时，采收蚯蚓后添料要及时添加腐熟的粪料。添加粪料的方法主要采用侧面添加法和上面条状添加法。夏季高温季节，猪粪可采用在储粪池中加水成糊状发酵后，以条状形式直接浇在蚓床粪料上。如果久不添料又不浇水，会造成蚓体缩小，蚯蚓无法生存会自溶死亡。

2）保湿通风。夏季高温季节可通过掀开大棚四周的薄膜进行通风换气和降温，每年 7～8 月份尽量做到每天下午洒水一次，并结合覆盖稻草保湿，春、秋季 3～5d 洒水一次，冬季视具体情况而定。洒水时要做到匀、细。

3）粪料疏松。粪料疏松除结合蚯蚓采收时进行疏松外，还需视粪料板结情况，每月松土一次。疏松时冲力要小，使用铁锨松土时动作要轻巧，尽量避免表层的卵茧翻入粪料底部，以免影响卵茧的孵化率。

4）夏季降温。夏季蚓床中的粪料温度应降到 30℃以下，以利蚯蚓正常生长和繁殖。可采取的措施有：搭棚遮阴，夏季用蓝色塑料薄膜，其上再覆盖稻草编织的帘子或遮阳网；蚓床覆盖，棚内蚓床上覆盖一层稻草；浇水降温，每天下午实施，最好采用深井水或低温水。

5）冬季保温。冬季到来前做好大棚密封保暖工作，在棚内蚓床上覆盖稻草，有条件的可在稻草外覆盖一层薄膜，粪料温度最低控制在 10～15℃以上，以利蚯蚓正常生长和繁殖。

6）敌害防除。通常情况下，蚯蚓的病害较少，但蝼蛄等敌害对蚯蚓的危害较大，它先吃卵茧，后吃小蚯蚓，在松土及采收时，一旦发现要及时将其处死。另外秋、冬季一些鸟类常偷袭蚯蚓卵茧，还有老鼠、蛇、蚂蚁等也是蚯蚓的敌害，要防控这些动物的侵袭。

7）蚯蚓采收。依据蚯蚓饲养密度大小和生产需要合理安排采收蚯蚓，原则上抓大留小。简单实用的采收方法是，用特制短柄铁质钉耙把蚓床粪料铲出疏松，再拣出含蚯蚓较多的粪料堆放在塑料膜上，过 15～20min 后蚯蚓逐渐向下移动直到塑料膜，然后将表层粪料逐渐刮取放回蚓床，最后剩下的就是干净蚯蚓。

7.6.3 以农副产品加工为纽带的多元产业生态模式

农副产品加工是农业生产过程中一个很重要的组成部分，是农业生态系统物质循环和能量流动合理导向的重要环节，在农业生态系统中具有重要的作用。农副产品加工环节可以减少农业生态系统物质和能量的损失，减少系统外有机物质的富集，提高农产品的效益。以农副产品加工为纽带的多元产业生态模式就是根据生态学原理衍生多条产业链，将农业废弃物资源进行综合利用，以获得多样化的农副产品，实现农产品的增值增效。以农副产品加工为纽带的多元产业生态模式主要包括农作物农副产品加工的产业生态模式、林木副产品加工的产业生态模式和畜禽副产品加工的产业生态模式。

1. 农作物农副产品加工产业生态模式

农作物、农副产品加工链拓展的可能途径主要有以下几个方面（图 7-8）：① 主导粮食产品，如大米、面粉、糖、酒精、豆制品、植物油等；② 利用作物秸秆制作氨化饲料；③ 利用作物秸秆造纸；④ 利用作物秸秆制作编织品，如草帽、篮、筐、席、草扇及其他工艺品等；⑤ 加工成有机肥料；⑥ 制作成特殊材料；⑦ 作为生物能源的原料。

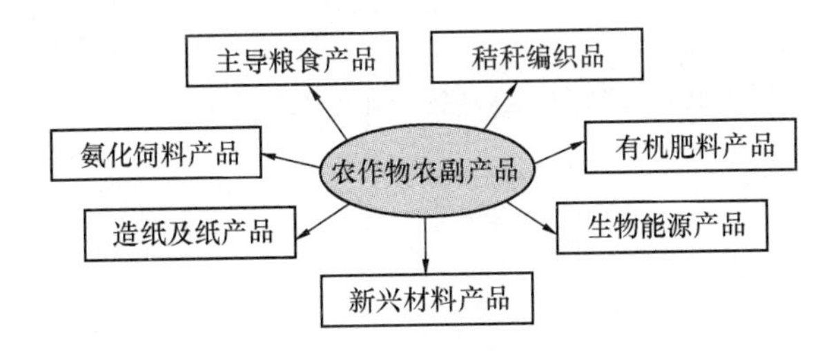

图 7-8 农作物农副产品加工的产业生态模式的可能途径

2. 林木副产品加工产业生态模式

林木副产品加工链拓展的可能途径主要有以下几个方面（图 7-9）：① 生产木材初级产品；② 加工成人造板，生产系列家具产品；③ 制成木浆造纸；④ 利用林木果实叶片提炼医药和化工产品；⑤ 利用木材废弃物制成工艺品，如木雕、根雕等；⑥ 作为生物能源的原料。

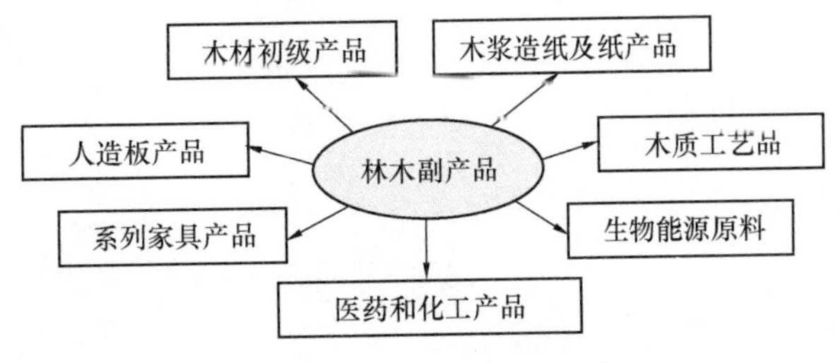

图 7-9 林木副产品加工产业生态模式的可能途径

3. 畜禽副产品加工产业生态模式

畜禽副产品加工链拓展的可能途径主要有以下几个方面（图 7-10）：① 畜禽肉、蛋、奶产品等主导产品；② 利用动物皮制成各种皮革产品，如皮衣、皮鞋、皮包、皮带等；③ 利用动物体毛制成各种毛产品，如羽绒服、毛毯、毛刷、羽毛球等；④ 利用动物粪便制成专用肥料；⑤ 利用畜禽粪便转化成生物能源；⑥ 利用动物粪便制成新型材料，如牛粪中纤维含量高，可以制成特殊的砖或非受力型小家具。

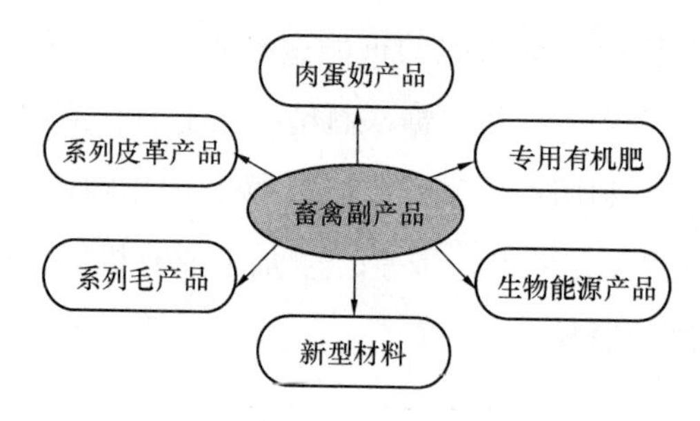

图 7-10　畜禽副产品加工产业生态模式的可能途径

参 考 文 献

[1] 王栩，张华微，刘守宝. 农村有机废弃物综合开发利用研究[J]. 现代农业科技，2011，(24)：315-318.

[2] 褚文会，张亚莉，周雪梅. 廊坊市农业有机废弃物资源化利用现状与对策[J]. 现代农业科技，2010，9：266-270.

[3] 艾平，张衍林，李善军，等. 农业废弃物处理利用技术与农业机械化发展[J]. 农机化研究，2009，9：234-237.

[4] 胡学玉，李学垣. 有机废物的堆肥化处理与资源化利用[J]. 农业环境与发展，2002(2)：20-21.

[5] 杨朝飞. 加强畜禽粪便污染防治迫在眉睫[J]. 环境保护，2001，(2)：32-35.

[6] 张波，张丽丽，徐剑波，等. 城市生活垃圾的厌氧消化处理现状和研究进展[J]. 中国沼气，2001，21(4)：17-21.

[7] 张小平. 固体废物污染控制工程[M]. 北京：化学工业出版社，2004.

[8] 李东，孙永明，张宇，等. 城市生活垃圾厌氧消化处理技术的应用研究进展[J]. 生物质化学工程，2008，42(7)：41-47.

[9] 张记市，张雷，王华. 城市有机生活垃圾厌氧发酵处理研究[J]. 生态环境，2005，14(3)：321-324.

[10] 王凯军. 畜禽养殖污染防治技术与政策[M]. 北京：化学工业出版社，2004.

[11] 国家环境保护总局自然生态保护司. 全国规模化畜禽养殖业污染情况调查及防治对策[M]. 北京：中国环境科学出版社，2002.

[12] 张继泉，王瑞明，孙玉英. 利用木质纤维素生产燃料乙醇的研究进展[J]. 酿酒科技，2003，(1)：39-41.

[13] Wang，M；Wu，M.；Huo，H. Life-cycle energy and greenhouse gas emission impacts of different corn ethanol plant types [J]. Environ. Res. Lett. 2007，2，1-13.

[14] 卡姆 B，格鲁勃 R P，卡姆 M. 马延和主译. 生物炼制——工业过程与产品(上卷)[M]. 北京：化学工业出版社，2007.

[15] 卡姆 B，格鲁勃 R P，卡姆 M. 欧阳平凯主译. 生物炼制——工业过程与产品(下卷)[M]. 北京：化学工业出版社，2007.

[16] 求实. 日本16家公司联手开发低成本纤维素乙醇技术生物能源[EB/OL]. http://www.86ne.com/Biomass/200712/Biomass_103883.html.

[17] 中科院布局纤维素乙醇炼制战略. [EB/OL]. http://www.3158.cn/news/20110123/10/82-28665855_1.shtml，化工机械网 2011-01-23.

[18] 胡良豪，等. 纤维素乙醇的发展前景[J]. 现代化工，2008，28增(2)：156-158.

[19] 梁新红，严天柱，刘邻渭. 预处理方法对作物秸秆生物转化的影响[J]. 山西食品工业，2004(4)：5-8.

[20] 陈洪章，李佐虎. 无污染秸秆汽爆新技术及其应用[J]. 纤维素科学与技术，2002(3)：47-52.

[21] Guoce Yu，Shinichi Yano，Hiroyuki Inoue，et. al. Pretreatment of Rice Straw by a Hot-Compressed Water Process for Enzymatic Hydrolysis [J]. Appl Biochem Biotechnol，2010，160(2)：539-541.

[22] Mosier，N. S.，Wyman，C.，Dale，B. Elander，R.，Lee，Y. Y. Holtzapple，M. Ladisch，M. R. Features of promising technologies for pretreatment of lignocellulosic biomass [J]. Bioresour. Technol. 2005，(96)：673-686.

[23] 孙万里，陶文沂. 稻草秸秆3种预处理方法的比较[J]. 精细化工，2009，26(7)：656-674.

[24] 朱振兴，聂俊华，颜涌捷. 木质纤维素生物质制取燃料乙醇的化学预处理技术[J]. 化学与生物工程，2009，26(9)：11-14.

[25] Kong，F.；Engler，C. R.；Soltes，E. J. Effects of cell-wall acetate，xylan backbone，and lignin on enzymatic hydrolysis of aspen wood. Appl. Biochem [J]. Biotechnol. 1992，34/35，23-35.

[26] 田龙，马晓建. 纤维素乙醇生产中的预处理技术[J]. 中国酿造，2010，218(5)：8-12.

[27] 刘庆玉，陈志丽，张敏. 白腐菌降解玉米秸秆条件的优化试验[J]. 农机化研究，2009(6)：110-117.

[28] Minhee Han，Se-Kwon Moon，Yule Kim，et. al. Bioethanol Production from Ammonia Percolated Wheat Straw [J]. Biotechnology and Bioprocess Engineering，2009，14：606-611.

[29] Roychowdhury，A.；Bajpai，P.；Moo-Young，M. Alkali treatment of corn stover to improve sugar production by enzymatic hydrolysis [J]. Biotechnol. Bioeng. 1983，25，2067-2076.

[30] 国内三大生物柴油产业化示范项目启动[J]. 河南化工，2009，26：50-52.

[31] Parveen Kumar，Diane M. Barrett，Michael J Delwiche，et. al. Methods for Pretreatment of Lignocellulosic Biomass for Efficient Hydrolysis and Biofuel Production Ind. Eng. Chem. Res. 2009，48，3713-3729.

[32] 苏铭华，陈晓华. 衍生燃料 RDF-5 技术应用前景[J]. 中国资源综合利用，2004，(05)：7-8.

[33] 张焕芬，喜文华. 日本垃圾衍生燃料(RDF)的研究开发[J]. 甘肃科学学报，1999，11(03)：66-72.

[34] 秦成，田文栋，肖云汉. 中国垃圾可燃组分 RDF 化的探索[J]. 环境科学学报，2004，24(01)：121-125.

[35] 解海卫，张于峰，张艳. 城市生活垃圾与生物质混烧发电技术的实验研究[J]. 2007，10(1)：100-103.

[36] 孙振钧. 中国生物质产业及发展取向[J]. 农业工程学报，2004，20(5)：1-5.

[37] 王小孟，谭江林，陈金珠. 我国生物质能源开发利用的现状[J]. 江西林业科技，2006，(05)：45-47.

[38] 宋鸿伟. 生物质气化技术及 BIGCC 系统性能的研究[M]. 北京：华北电力大学，2004，101-102.

[39] 谭洪. 生物质热裂解机理试验研究[D]. 杭州：浙江大学，2005，21-22.

[40] Demirbas A. Potential applications of renewable energy sources，biomass combustion problems in boiler power systems and combustion related environmental issues[J]. Progress in Energy and Combustion Science，2005，31：171-192.

[41] Osako M，Kim Y J，Lee D H. A pilot and field investigation on mobility of PCDDs/PCDFs in landfill site with municipal solid waste incineration residue[J]. Chemosphere，2002，48(8)：846-856.

[42] 何艳峰，李秀金，方文杰，等. NaOH 固态预处理对稻草中纤维素结构特性的影响[J]. 可再生能源，2007，(5)：31-34.

[43] 叶生梅. 稻草秸秆预处理实验研究[J]. 安徽工程科技学院学报，2008，23(4)：24-27.

[44] 杨长军，汪勤，张光岳. 木质纤维素原料预处理技术研究进展[J]. 酿酒科技，2008，165(3)：85-89.

[45] 张波. 微生物利用有机废物合成聚羟基烷酸酯(PHAs)的研究[J]. 科技信息，2010，(21)：30-33.

[46] 陈坚，堵国成，李寅，等. 细菌合成生物可降解塑料聚羟基烷酸(PHAs)的研究现状和未来[J]. 中国科学基金，1999，13(2)：73-76.

[47] 王琴，陈银广. 活性污泥合成聚羟基烷酸(PHAs)的研究进展[J]. 环境科学与技术，2007，30(5)：39-43.

[48] 金大勇，顾国维，杨海真. 生物降解塑料聚羟基烷酸(PHA)的研究进展[J]. 氨基酸和生物资源 2004，26(03)：30-33.

[49] 王靖，刘洁丽. 木质纤维素降解菌及其降解途径研究进展[J]. 生物产业技术，2008，3：87-89.

[50] 袁丽婷. 玉米秸秆发酵生产乙醇的工艺研究[J]. 安徽农业科学，2009，37 (3)：922-925.

[51] 卢月霞，陈凯. 纤维素降解菌的筛选及相互作用分析[J]. 安徽农业科学，2007，35 (1)：11，17.

[52] 王伟东，崔宗均，王小芬，等. 快速木质纤维素分解菌复合系 MC1 对秸秆的分解能力及稳定性[J]. 环境科学，2005，26(5)：156-160.

[53] 冯玉杰，李冬梅，任南琪. 混合菌群用于纤维素糖化和燃料酒精发酵的试验研究[J]. 太阳能学报，2007，4：375-379.

[54] 刘平. 生物质能(秸秆)发电技术的展望[J]. 中州煤炭，2005 (2)：16-17.

[55] 费辉盈，常志州，王世梅，等. 常温纤维素降解菌群的筛选及其特性初探[J]. 生态与农村环境学报，2007，23(3)：60-64，69.

[56] 张丽青，吴海龙，姜红霞，等. 纤维素降解细菌的筛选及其产酶条件优化[J]. 环境科学与管理，2007，10：110-113，117.

[57] Zhu SD，Wu Y X，Yu ZN，et al. Pretreatment by microwave / alkali of rice straw and its enzymic hydrolysis [J]. Process Biochemistry，2005，40 (9)：3082-3086.

[58] 李思蓓，解玉红，罗晶，等. 秸秆预处理中木质纤维物质含量测定方法的研究进展[J]. 安徽农业科学. 2011，39(3)：1620-1622，1626.

[59] 李华，孔新刚，王俊. 秸秆饲料中纤维素、半纤维素和木质素的定量分析研究[J]. 新疆农业大学学报，2007，30(3)：65-68.

[60] 王玉万，徐文玉. 木质纤维素固体基质发酵物中半纤维素、纤维素和木质素的定量测定分析程序[J]. 微生物学报，1987(2)：82-84.

[61] DU F Y，ZHANG X Y，WANG H X. Studies on quantitative assay and degradation law of lignocelluloses[J]. Biotechnology，2004，14(5)：46-48.

[62] 于洁. 可降解纤维素的微生物菌群筛选及其性质初探[D]. 天津理工大学，2010.

[63] 于平，励建荣. 真养产碱杆菌发酵生产 PHB 的培养条件优化[J]. 中国食品学报，2007. 1：61-63.

[64] 全桂静、程文辉. 鞘细菌液体发酵生产 PHB 的研究[J]. 沈阳化工学院学报，2008. 22(4)：312-315.

[65] 徐爱玲，张帅 等. 积累 PHB 菌种隐藏嗜酸菌 DX1-1 的诱变改良[J]. 微生物学通报，2008. 35(10)：1516-1521.

[66] Satoh H，Iwamoto Y，Matsuo T. PHA production by activated sludge[J]. International Journal of Biological Macromolecules，1999. 25(1-3)：105-109.

[67] Satoh H，Iwamoto Y，Matsuo T. Activated sludge as a pos sible source of biodegradable plastic [J]. Wat. Sci. Tech，1998. 38(2)：103-109.

[68] 曲波，刘俊新. 活性污泥合成可生物降解塑料 PHB 的工艺优化研究[J]. 科学通报，2008，13：1598-1604.

[69] 王述彬，刑侦琦 等. 用基因植物生产生物可降解塑料的研究进展[J]. 研究与进展，2005，5：33-35.

[70] 次素琴，陈珊，等. 紫外线诱变选育高产 PHB 解聚酶的菌株[J]. 微生物学通报，2005，32：38-43.

[71] 戴美学，武波 等. 苜蓿根瘤菌聚羟丁酸解聚酶基因 JK3LM，N 突变体的构建及其特性[J]. 农业生物技术学报，2003，11：115-120.

[72] 吕凡，何品晶，邵立明. 废食用油作生物柴油原料的可行性分析[J]. 环境污染治理技术与设备，2006，7(2)：9-15.

[73] 李文华. 生态农业——中国可持续农业的理论与实践[M]. 北京：化学工业出版社，2003.

[74] 张曰林，刘培军. 生态农业建设指导[M]. 济南：山东人民出版社，2006.

[75] 王祖译. 生态农业[M]. 成都：成都科技大学出版社，1989.